U0513076

阅读即行动

Whispers

城市絮语

of the City

唐克扬　著　　上海人民出版社

图书在版编目(CIP)数据

　　城市絮语 ：唐克扬著. --上海 ：上海人民出版社，
2025. -- ISBN 978-7-208-19609-4

　　Ⅰ. TU984-49

　　中国国家版本馆 CIP 数据核字第 2025D9S974 号

出版统筹	杨全强　杨芳州
责任编辑	赵　伟
特约编辑	芳　州
装帧设计	SOBERswing

城市絮语

唐克扬　著

出　　版	**上海人民出版社**
	(201101　上海市闵行区号景路 159 弄 C 座)
发　　行	上海人民出版社发行中心
印　　刷	浙江新华数码印务有限公司
开　　本	787×1092　1/32
印　　张	8
插　　页	3
字　　数	118,000
版　　次	2025 年 7 月第 1 版
印　　次	2025 年 7 月第 1 次印刷
	ISBN 978 - 7 - 208 - 19609 - 4/B·1852
定　　价	58.00 元

目　录

为什么要写作"城市絮语"？"城市文学"比建筑师在意的要广大和散漫，但是比起"得鱼忘筌"的艺术家，这种写作又不只是将空间作为舞台，而是多了一层内含的逻辑。街道、立面、广场、公园……这些都是我们烂熟的，又是我们所陌生的，值得重新书写。

《风景的意义》中，约翰·萨利斯（John Sallis）开篇就说："蓝色这个词永远没有办法说出天空和大海的蓝。"世界一旦被表述，它就不再仅仅存在于现实之中，而是取决于表述的手段。在这个意义上，"城市文学"还包含了城市人的感受和对城市的想象。

城市首先让人想起的属性是"空间"，空间包括建筑、景观、城市形式……一切实体性的环境，但是空间自身往往是沉默的，沉默在绝对的光明与静谧之间。图像，柏拉图以为是等而下之的，它有的最多只是好心，想帮助城市跃出意义的深渊，可今天的图像已经过载，溢出，远远不是希腊人的天空能够盛下。

对于城市的居民来说，语言才是真正有效的东西，未如图像那么直接，却有利于人，有利于他们对自己所处世界的真正的和终极的理解，因为他们需要用语言相爱、争吵、同一、决裂——语言的模型，也就是我们和 ChatGPT 共同感兴趣的"世界的模型"。

城市的语词无法确知起源，内涵往往交叉，粘连。事实上，我们并不能穷尽城市的意义，只不过感兴趣它的"语法"——在洞悉城市的"语法"之前，是熟悉城市的"词汇"。因为多欠言说，我们对它们久已误会，久已生疏。

有关词性、历史、修辞、用法。

街道和街区

在《山鹰之歌》中，民谣歌手保罗·西蒙（Paul Simon）唱道："我宁愿成为一座森林，也不做街道。"——其实，森林和街道的界限未必那般清楚。最初的人类聚落也是纷乱的森林，"路都是人走出来的"，半坡和临潼的原始居住遗址中，并不存在明晰的道路，更不要说对街道会有什么明明白白的规划，那里只有杂乱的点和点之间的连线，部落酋长从这一点去拜访另一群人，他们对他或许恐惧或许感到亲切——因为不知道这一路会发生什么。祭品不妨事后让众人分享，因此千年之后你可能闻到沁入石质的油脂好闻的味道，但是话说回来，可能就在某个不起眼的土坎下，也曾经浸透了人殉的鲜血。

事过好几千年，隋唐帝国的驰道上，足迹还是如此的纷乱。我曾经走到长安的荐福寺塔院——也就是西安人熟知的"小雁塔"所在——的发掘遗址上，看到那一截久远时间之前的黄土——那条黄土,只是唐代京城中轴路由东到西的数米断面,更多的还沉睡在粗暴的现代城市下。"路",构造粗糙,生土、夯土、青泥……只是材料来源方面模糊的指引,比路的成分更复杂的是践履其上的人的生活。在宽达150米的宽度内,大尺度上全然线性的路,其实也是有着独特几何形状的长条,广大、复杂,不容简化:纷乱的车辙印显示着各式各样的漂移偏航,更不用说,还曝光了犹豫不决的断头路和回头路。"一条道走到黑"?不过是路的表象。

路是更复杂人类空间的起源,其间可能有着某种命定的原因,首先和生理构造有关。很明显,人是一种有独特方向感的动物,双眼都冲着前方,为了这可能纯属幻觉的目标,人往往牺牲了他的周遭,只获得一小半的世界印象——比如,在大约124度的视角范围内,尽力捕捉188度的环境的"余光",事实上,只有25度左右的视域才是真正清晰的。人的眼睛注定不是如马牛一般,可以兼顾两边,但是这种有所偏倚的视觉也带来了某种好处,包括对"前方"的敏锐。科学家研究发现,马是看不到正前方的,你突然出现在它紧面前,会吓它一大跳(很可能也会踢你一脚),所以它需要指引,需要一个勒住它的口唇的驭手。

所以，第一个发现"一往无前"的好处的人类，选择了将"路"这样事物的优点放大到极致，包括把路修得越发平直宽阔，以及将路完全剥离人的尺度和语境。最早的人类聚落即使已有"交通"，也未必需要路；但是，后来便出现了各种各样的路：石质的，临时的，为礼仪的，将速度提升到难以想象的地步的……直到城市规划学家们提出的"没有城市的路"和"公路城镇"。前者可以是我们经常会在中国城市中见到的巨大而复杂的立体交叉桥，占地可能超过普通的村落，由好多条路在三维上交叉构成，周遭却空无一人；后者不妨称为"带状城市"的一种，常常服务于非常实用的目的，比如一个钢铁城镇，如"三线"时期建起的四川攀枝花市，排列在运输线两侧，为的是高效地完成从原料到场到产品装车的流水作业。和先有人再有路不同，这里是有了路，人才有存在于路两边的必要，人存在的主要意义就是证明这种线性思维的优越性和必然性——毕竟，不管你有多么丰富的岔道的选择，人好像也是一路从摇篮走向死亡。

即使人们因此恐惧出门，他们无法回避走上城市里的某一条街道,在那里度过人生的一部分,偶然遭遇事故,甚至猝死在大街上。与西蒙歌曲中的理想正好相反,大多数时候,你别无选择,你只能成为街道。因为你置身人世之中,不做这样的街道,就做那样的街道。排除立交桥那样过于夸张的"没有城市的路",其实以上规律符合大部分人生的实际。没有人可以脱离街道而在世界上存在,人之所以本身是街道,是因为人们每日沿着大路和小路来往办事,这些轨迹的关系和总体结构就构成了基本的人生——直到最近瘟疫流行的时期,在家上班带来了地图上短暂的空白。哪怕一个人如此讨厌他走了一辈子的家门口的路,经历了一个月完完全全"在家",他恐怕还是要迫不及待地回到这条路上。

阿兰·雅科布斯(Alan Jacobs)写过一本书《伟大的街道》,他盛赞他经历过的世界各地的数十条道路,包括北京的友谊宾馆前的街道,也就是曾经的"白石桥路",从首都体育馆到颐和园。包括我在内的很多人,偶然会怀念那条白杨树分割的大道,曾经是那么美丽——也许,应该说,是那么简单,曾经是清代皇帝去往西郊必经之路,路两边留下了很宽的、也让骑行者很愉快的自行车道。

三十年前初到帝京的那个冬夜,正是在此地的萧萧白杨下骑着车,灯影阑珊,路两旁大部分是各式各样的墙,但空气中有难忘的食堂的香气袅袅,"单位"——也许是学校,也许是某个研究所——还有少年男女依稀的欢笑。三十年过去,新的建筑在这条古老的大街旁无所不在,路的重要性不那么显明了,而我,却是"自己的心比街心更老"(穆旦)。

也是穆旦写的:"另一种欢喜是迷人的理想,他使我在荆棘之途走得够远……"有一点必须强调,街道的现实,和设计学生艳羡的理想大街的状况不尽相同。穆旦的荆棘之途虽然难走,至少,绝不会有电瓶车甚至机动车和你争抢,城市交通现在可是复杂了无数倍。又比如,雅科布斯是作为一个观光者来到北京的,他骑着的单车即使是辆破旧的永久,不是兰令(Raleigh)、菲利普、三枪,对当时已经普及了小汽车的西方人而言,依然是种先进性的标志,环保又健身。其次,他也并不需要像我这样——长久地,每天——在一个远方的地点和住地之间来回。路灯纵使昏暗,沉沉黑夜之中,像他这样的外宾毕竟睡在友谊宾馆——也就是说,他喜欢这条异国的街道,却大可不必成为这条街道。

北京曾经有过许多这样的大道,某种意义上,这个传统也即是长安的朱雀大街的传统,并没有中断。城市建设一天天地修建起更多的大道,每条都要媲美隋唐帝国的中轴线。你只是搞不清楚,这样的大路替代的东西是什么——假如无中生有,大路一定砍伐了不少树木,也许是在本来就稠密的旧城里,类似北京疏通内城交通,由东四十条到太平仓之间大路扩宽延展而成的"平安大街",它拆掉的胡同不仅是街道,还有街区。

假如像我们刚才所说的那样,每条街道都是你我的化身,那么新的道路一定碾压了旧的生活,以及就像杂乱车辙印一般无量数的你我。除了白石桥的基本南北向的林荫道,在 1949 年以前,北京旧城以外的很多野路都是斜线或者曲巷,因为它们不是顺着水岸,就是从田垄发展而来,或者,要在这两者之间尽可能寻找近道。有一点很有意思,就是当代城市的道路总是越来越趋于秩序化,但是形成这种秩序的前提却很难描述,难以复制,丰富往往被简单替代,就像一句高分贝的粗口就可以让一群正在读唐诗的小朋友哑然噤声。在我上学的时候,北京的同心环路尚只修到二环,其他几环是以什么为依据规划的完全不知情，我想不起来，什么时候修通的北三环，更不关心四环、五环……我已经想象不出，也丧失了这部分城市的记忆。那些奇特的小路一定也是复杂记忆的经纬。

从有人侵入的那一个时刻开始，城市的蛮荒中就逐渐布满了蛛网般的大路。那么，总有一部分成为基石，沉睡在永远的碾压之中，还有相对更大的一部分面积，有幸做了生活容器的一部分。这就有了我们所说的第二部分：街区，以及街道—街区的二元论。在原始居住地朴茂的布局里，道路和它界定的街区几乎没有正式的分界，门面可以龇牙咧嘴地伸进路土，而前现代的街区难以征服显著的地形，免不了庭前有山，山中多路。但是，认真规划的城市让你没了丝毫模糊的可能——假如城市里残存一座不高的小丘，它要选择变成房屋还是变成立体的道路？没法请教挖掘机，这问题对古代人要难得多，你要问横亘在两者之间的东西：比如路肩，比如台阶，比如水沟，比如垣墙——但是最重要的，还是你须得做出自己的选择。

你是愿意成为街区，还是想做一条街道？

对这种选择的技术逻辑,当代城市规划学科做了更多样、更有包容性的界定——无他,因为如何看待街道和街区的关系,最终决定了城市的意义。如何定义一个生活区域的全体? 环绕着它的必要的通路,是否可以和道路服务的内容区分开? 街廓设计,住区设计,街道设计……不断变化的说法,证明人们并不总是甘心接受二元式的城市—街道逻辑。比如,总有外部的街道、内部的街道……的区分:一种是为了挽留那些义无反顾地喜爱集体生活的人,另一种则是钻进了人性的深处。住在其中的人的想法是如此复杂:罗马有不止一条凯旋之路;名将郭子仪的长安大宅占了大半个里坊,因此"中通永巷";英国人治下的德里和加尔各答,引人注目又无法定义的空地(maidan),可以是街道也可以是街区;在阿尔罕布拉和塞维利亚的艾尔堪萨(Alcazar of Seville),建筑和建筑本身就是迷宫般的道路……

你怎么知道街道在何时出现又为什么消失? 在这样的巷曲或是胡同里,难以有区分街区和街道的清晰的界线,只剩下方向和形状才有最起码的意义。

街道构成了人生,生活却注满了街区。总的来说,街区要比街道更广大,更复杂,更绵长。

可见的街道勾勒出了不可见的街区的外形。倒过来,街区隐秘的意义又赋予了街道难忘的形象,是自内而外的那一种。两者之间存在着并不确定的关系:

过于空虚的将被填满,内部的街道趋于消失,或者说,在不停地分裂和兼并之后,越来越多的运动等同于明确方向的消失:一分为二,二分为四,从多到少,从少到无……遵循的不只是数学规律,还有基本的人性:一条街道总是想滋生出更多的新的街道,结果,古老的街区将会愈发成为同一个街区,建筑和道路合一,外部和内部合一,既有迷人的成熟的气息,又有垃圾、枯叶和宿便。

臻于极盛的往往朽败,内部的压力,又会摧毁街区赖以维系自身的那种力量。致密的集体希望永守它内心的秘密,可是事与愿违,一个自上而下,自外而内建立的秩序不会始终服从一种逻辑,生活的形状总会产生出这样那样的分化,使得生活本身走向瓦解。在某一个瞬间建立起的秩序,让大路和小路之间呈现出尊卑的不同,大路将会压倒小路,小路也将成为大路。大路之大，越来越大……甚至令得最终不复有街区。

另一个重要的现象是街区在时间中的赓续。直到20世纪出现那些高架路、快速路之前，街道和街道相对是平等的，它们共同臣服于不易改变的地形，大和小，显赫与卑微并非千秋万世，这使得城市"肌理"的化石有了起码的载体。比如，上面提到的朱雀大街，由于过于宽阔，在后世由奢入俭的城市里，只能选择留下其中一侧，新来的街区友好地占据了另一侧，让这条传奇的唐朝大路得以托生——活着的，其实不是原来的街道，而是那条城市中间的"轴线"或说"基准线"。某种意义上，具体和原则两者都得到了最好的结局：被记住的是城市形式抽象的意义，不会消失的，是现世生活中感性的关系。

街区的生活不可能永恒，这恰是街道存在的理由。街区时常会为突如其来的变化暴力打破，即使这样，一个街区的某些痕迹依然得以保留，无论兼并还是拆分，新的地块不免利用部分旧的边界，总有过往的街道留下半边一截。人事有时而尽，城市却服从亘古不变的自然的限制，从废墟到废墟总也得有确定的道路。

那么就形成永恒的拐弯。或者,一个不变的街角在数千年里吸引着不同的目光——建筑消失了,旧基向下深埋数尺,可是在它们固定的形状里,街区和街道仍向你无声地、持久地微笑,在这形状之中"自然"偶然现身说法。

威尼斯和香港的路是不太好认的,绝不横平竖直。另一方面,如果熟悉它的景观,识途也不太难。港岛干道都是沿枣核般的"山椎"长面儿组织的,所以非常容易出现夹角小的三岔道,这样的路大多是东西向的,平行于海岸线和等高线。相反,高差大的常是由海边上山的路,只是因为升级换代的技术,比如室外自动扶梯,这些"硬拗"的路才有了实际价值[相似不相同的例子,我想起了人们也要坐"升降机"(lift)爬山的洛桑]。

作为另类城市,香港垂直水岸的平行路距又和新大陆海滨聚落——比如旧金山——的网格逻辑不太一样。威尼斯和香港的道路条缕分明,沿着小岛边缘平行分布,逐渐后缩,时而通过或宽或窄的小巷相连接,也许经由错动地形的剪切而交叉,好似潮汐扑上水岸又退去留下的痕迹——这些痕迹既是自然力使然,也是争夺水滨资源的人的意志的

构型，自古如此。罗马古街放射形的路口，像时间
绽开的花朵。

古代文学中，人们曾经那么热衷于讨论街道上
的戏剧，深巷中半开的门扉，从头顶半空而降的事
变，从前门到后门的逃逸……但是小街注定是没有
名姓的，无数巷曲的整体像迷宫一样无法讨论，似
乎只有单条大路，才值得人们永远地注目下去：卫
生、光线、空气流通、游行场面——甚至还有在街垒
后面阻击的便利。汉代、魏晋，直到唐朝，凯旋大
道、"大河之路"（Ramblas），以至于巴黎公社革命队
伍的行径、芝加哥的"壮观英里"（Magnificent
Mile）……有着那么多种类、那么流行的"大道曲"
"大堤曲""大路歌"，无论路中植树要行列整齐，还
是任何一种把路变成秘鲁的大地线条画（Nazca
Lines）的企图，都足以证明乌托邦式样显阔秩序的
魅力，对于贫民窟中的孩子也是一样有诱惑。

可是，我们又知道"大道如青天，我独不得
出"——不要天真地认为，只有运动才赋予你自由，
而静止的生活只是陷阱。要知道，爱情只有在秘密
的、充分的接触中才更有机会，光秃秃的偶遇里什
么也不会发生。如果确实如此，那是你的缘分，或

许也是某种无奈的命定,"相逢不相识,音落黄埃中"。

你"宁愿成为一座森林,也不做街道"？现在你明白了,城市也是一座森林,并不比自然存在的更为简单。假如你走不出这座森林,那么毋宁做一条平凡的街道。

墙(立面)

已经数千年的故事，要从十年以前倒叙着讲起，故宫诚肃殿展厅发生了一起匪夷所思的失窃事件。2010 年，我刚在"东六宫"之一的延禧宫做过一个有关古代文字的展览，早晚进出青铜器馆间的横街，因此熟悉了这个区域的大致情况：诚肃殿本是紫禁城"斋宫"的后寝殿——所谓"寝殿"，倒不一定是真正"就寝"的地方，也可以摆摆祖先牌位，或是让昊天上神在人间享受下生人的位次——毕竟，传统上古人起居的地方也就是他们的社会等级所在。

　　这个本来仪式庄穆的地界儿，现在成了"鼓上蚤"显身手的舞台。时间：午夜。继大刀王五和燕子李三之后，老北京好久没这么热闹过了——据说，那只是一个纯属业余的贼，他却能神不知鬼不觉地混入大内深禁（而且因为身高的原因没买门票），用最原始的方法避开了先进的警报设备，并且进退有次，在该出现的地方出现、该消失的地方消失。

最不可思议的是虽然该贼身形矮小，却能几个连跳，从建筑物的屋顶上窜上故宫北边的神武门城墙，从高达十米的地方一跃而下毫发无损。

听着聒噪的导游喇叭，夹在纷乱的人流中，白天来过紫禁城的游客数不胜数了。可是除了窃宝大盗之外，有谁"有幸"在深夜去过故宫？那是万籁俱寂的当儿，现代文明的一切征象从这古老"城市"里退潮的时刻，夜色如漆，星光黯淡，那只哆哆嗦嗦摸索过耳房门栓上的手，在11间游廊的柱影间摇曳而过的身形……他难道不担心，在殿前高台上会遭遇孤魂，由东一长街和毓庆宫里飘荡而来？这分明就是意大利作家艾柯《玫瑰的名字》的开头章节，场景、道具俱在，比《盗墓笔记》之类难免玄虚的演绎精彩多了。

更主要的是，几乎大部分游客都不会留意紫禁城的城墙，这最后的一道边界。他们都忙着在城门处郭沫若题字的门额下拍照留念，然后坐上大巴一溜烟走了。隔着护城河，很难观察到城墙具体的存在。其实，自从明代初建的北京内外城、皇城城墙被大部分拆毁之后，这道完整的宫城城墙，已经是这个尺度上的唯一。它成就了"城"的意义，是明代以来的古人悉心经营自己生活空间的物证，和宫殿的价值没有差别。城墙内芯其实是土，但是内外两侧各砌了 2 米厚的大城砖，比一般的皇家苑囿围墙要结实多了，而且几乎没有斜坡，无法轻松攀缘而上，更不要说从上面跳下而不摔个半死了。

有关故宫建筑的研究原本不少了，可是其间大多描摹建筑，甚少真正的"空间故事"，印象中涉及"故事"的只有朱剑飞《天朝沙场》一本（不过，那本书把所有在故宫发生的故事归结为一个统一的"剧本"设定，因此所有意外出现的剧情，也只是这剧本的现场发挥）。

清宫戏、明宫戏当然也是某种意义上的"故事"，就是故事里的"皇帝""臣子"看起来太假；开发商和楼书枪手合谋炮制的"故事"（"帝苑名居"之类）和这样的"戏说"其实也相去不远，它们共同的问题都有关真实的人际的空间感受：电影导演（或者是水晶石电脑特技公司）随心所欲从高空推过去的镜头，真的是宫女妃嫔们感受到的视角吗？电脑效果图里的，真的是"皇家俱乐部"能够感受到的品质吗？

不，因为墙，各式各样的墙，人们并不真的能够

"看到"。

　　既有空间也有故事,是在建筑尚不是博物馆的年代里。我们大多数人的生活经验,都不足以支撑起我们对于"那个"时间里故宫的想象了——那个时间不属于我们,属于我们的曾祖父、曾曾祖父们,他们尚用怀疑的眼神看着大街上一切外来西洋事物,那时,大街的主要建筑材料和城市里大多数建筑,包括城墙、宫殿、民居、街坊的主体材料是一样的:土。如果真的能拍摄一部有关"那个"时代故宫的电影,那么多半首先是《末代皇帝》的导演贝托鲁奇的经典镜头,有关遮蔽一切的"墙"的:沉重的大门被打开了,人们由此跟随幼年的溥仪进入另一个时代……

　　门里门外置换的,不仅是建筑约定的一种物质生活方式,也是人们通过建筑,观看他们自己的方式。中国传统里对于"看见"有一种特殊的慎重,因此最能体现中国古代建筑的形象是没有形象,那就是韩非子所说的"使不见为见"。墙,因为和帝王南面之术联系在了一起,成了中国城市的特殊"立面"。

　　中国建筑史的起源已经模糊不清。但是在漫

漫的时间长河中,有一项事物保持大体不变:墙。它甚至造成了外人对于我们这个国度的牢不可破的看法:"……在破土前五十年,在整个需要围以长城的中国,人们就把建筑艺术,特别是砌墙手艺宣布为最重要的科学了……"

以上,捷克作家卡夫卡并非完全是臆测。围绕着中国古代城市到底是不是都有城墙,以及这种城墙是否推动/表征了早期国家的形成,曾经有大量的学术讨论,可以形象地归结为"大都无城"的争论。这一讨论,在2016年考古学家许宏的一本同名著作中到达了巅峰。这里说的城,当然,不是指整个城市,也不是指城墙以里的城市的"内容",而是上古城市的城垣。人们关心的,不只是城市的边界之有无,而正是它是否足够高、足够结实,用什么样的材料制作。换而言之,可以对窃贼、外寇和统治/被统治诸种不同身份的人产生具体的意义。

毕竟,中文中的"城市"所得名,正是在于城墙,城墙有无,也就成了人们下意识中都邑和乡村聚落的不同,一部分考古学家甚至也认为有城墙才是城市。但是,"城墙"毕竟和建筑的墙不完全是同一个概念。希腊城邦国家,比如雅典的卫城,字面意义是"上方的城市",背依地形就自成一圈高大的石墙;欧洲中世纪的城堡的城墙,自身是一座尺度难以忽略的建筑物。这些都是太实实在在的"城",它们倒过来影响了我们对于中国城墙的看法。对现代人而言,古城墙即使挡住了城里一部分东西,依然构成城上露出的高大建筑的基座,是旅游照片的背景,很好的观光对象。

古代中国的筑墙术却远不如现在这么发达,在现代泥瓦工和结构技术出现之前,夯土墙很难做到绝对垂直,而是要做得很厚,底座很宽,和上端呈现明显梯形的关系,比例上相比紫禁城城墙十度的收分,差得也很远——还有一个重要的尺度之异:这样的城墙也未必像它想象起来那般雄壮,对于肉身,两米高的墙就构成了不可逾越的障碍,相对于尺度很大的面积而言,这高度却微不足道;在略有起伏的丘陵地上,它可能更像是自然地形的延续,远看起来不大似人工所为。

一个极为寒冷的早晨,我漫步在石峁遗址。按照大部分考古学家的意见,这是龙山晚期到夏早期一个非常神秘的城址,位于陕西神木市石峁村的一个山峁上。乘车直到近处,才辨认出来山脊线上那和黄土融为一体的石墙，就像这城市就是山本身。

　　石墙纯用石砌，导水良好，不像有夯土芯渗水之后会导致墙体变形破裂。因此，可以做得直上直下，也用不了那么宽，砌筑技艺之高，让人很难相信这是 4000 年前人类的作品。但是放在整个景观的视野里，它也没有那么高，残存最矮的城墙不过 3 米，最高处也超不过紫禁城的城墙，还有一种特殊的多级石墙，一级比一级高。这不禁让我想起我去过的南美洲的印加圣谷（Ollantaytambo, Sacred Valley of Incas），同样一级级石墙，结合着山势，神似"梯田"，爬着费劲，但是也并非那么难以逾越。

　　可以想象，其他中国文明早期的土城，就连痕迹都不太剩下了。在广汉三星堆、黄陂盘龙城，我看到的只是一个个不甚明显的闭合，四周或者一部分，有旱坝、田堤，土围子略微隆起，其他的依靠自然形势——和人们的想象不太一样，紫禁城之外大多数中国城市中墙的存在，并不只是为了防寇缉盗，抵御外敌。边界，不一定是刀劈斧凿一般的绝壁。这，也许就是飞檐走壁一类事情还能存在的原因。在古城西安的明城，多年以前，我常看见三两孩子手脚并用，站在墙砖突出或凹陷的位置上玩耍,高兴的时候他们也可以爬上去,看上去既危险又刺激,这种游戏叫作"爬城墙",类似现在的攀岩运动。

墙,挡住的更多是现代人盛产的好奇心,和如今时尚女郎的习惯正好相反:包裹得越严实,那里面的诱惑就越大。

墙的这种特性牵一发而动全身,它不是唯一的要素,但是所有建筑部件中的一个至关重要的前设,比如,墙让门变得重要了。门不能随便乱开,还要进出有序。因为有时门是墙上唯一有"表情"的地方,墙上可以没有窗,但无法没有门;所以门里闪现的一切,都反映了墙外人对墙内世界的猜想——大多数时候,这种猜想是不准确的,因为类似于故宫那样极厚的门,其实就是一条狭长的甬道,过渡到另外一个世界。尤其是从南往北逆着光看的时候,它就像一具时间旅行机器的界面,在界面上出现的一切都只是炫目光亮里的幻象,没有正确的深度,也没有任何形象性的提示。

于是,墙加强了它两边世界的差别。通常是截然相反:紫禁城外的世界闹得天翻地覆,空旷的宫里却一如既往的肃静萧瑟；另一种情况，即使在今日中国的城市中也很常见：大街上车马冷落，走进狭窄的小胡同的背后，立刻是另一番热闹景象……寻常人总是把墙看作讨厌的东西，可是，墙也是一个紧密的社区形成的必要条件：没有这讨厌的墙，墙里的人们怎么好做梦呢？

人们很难没有征服墙的愿望，只是程度不同罢了。在明史、清史之中发生过多次的非正常事件，都没有 10 米高的紫禁城城墙什么事，比如，万历四十三年（1615 年），提着一根木棍就冲进宫里去杀太子的"梃击案"，丝毫没有武侠小说里天外飞仙的潇洒，就是和前面提到的故宫盗宝事件比起来，也差得远了。若是论调戏墙的方式，还是唐人的想象来得精彩，"昆仑奴"的故事就是这样的：姓崔的书生看上了歌妓红绡，可是墙内的东西毕竟不属于他，更何况红绡的主人是一位权倾朝野的大将（据说，他就是《打金枝》一出戏的主角郭子仪）。这时候他家里的老仆昆仑奴磨勒站了出来，帮崔生实现了自己的愿望。据说，具有这样素质的"昆仑奴"是从非洲来的跳高冠军，在围捕中磨勒是"飞"出高垣的，挥动双臂就如同鹰隼一般，下面郭将军的打手们

"攒矢如雨"也不能把他怎么样,对他这种弹跳力好的人来说这些墙就不存在——在磨勒那里,由墙头组成的纵横网络成了二层立体的高架大街。

因此,不算高的中国城墙也是戏剧性的,并没有它看起来那么严肃,有时候它的脚下聚集了小商小贩,有时候,干脆它就伪装成社区居民开设的小店(实际只是在墙根下搭设的店铺,外人并不能通过小店进入社区):水平方向它抑制了某些故事的发生,垂直看起来,它也可以变成城市的舞台,越过不高的院墙而发生的故事,比如张生和崔莺莺的《西厢记》。

人类建筑的终极使命是和重力作斗争,真实的城市是平面的,匍匐在墙的脚下。想象归想象,日常的生活中,难得有一点点墙被冒犯的意外:如果有,除了无法无天的盗宝贼,也有"好意的都市主义"的贡献,比如瑞士建筑师勒·柯布西耶,希望取消一切边界,不要说正式的围墙,就连楼和楼之间的遮挡都最好减少,建筑的底部可以自由穿行,这样,城市就变成了理性似乎又浪漫的花园和草地。

取消墙,也就取消了差别,取消了想象。像20世纪初的"城市美化运动"那样的天真理想,以为所有的人都会喜欢宽广无遮的林荫大道,似乎无边无际的草坪和广场,但是,没有人能真正取消墙,因为人性有时候也需要犯规的乐趣。千百年来,城市就在建起墙和推倒墙的纠结之中,反反复复。

只是,我好奇的是,何以从那么久远开始,中国的城墙里就有了数量如此惊人的,甚至是不太必要尺度的"内涵"?远在信史时代之前,石峁遗址的面积已经非常惊人(425万平方米,相当于2公里边长的一个正方形),南方的良渚两百九十多万平方米,稍逊之。它们,以及上古时期的很多朴茂的"城市",都达到或者超过了此前域外那些最著名的城市的面积:比如乌里克(繁荣于公元前3800年至前3200年),摩亨佐达罗(公元前2600年至前1800年)和哈拉帕(繁荣于公元前2500年)。不管是在东南的水田间,还是起伏剧烈的黄土高丘,先民们似乎没有兴趣让城市立体、攒集,只顾在二维上铺开,城市的人口密度并不相称于它的规模。这个特点一直延续到很多近代有城墙的城市,城市内常常留有大量的空白。要知道,聚集区越分散,城市周长便越长,建设城墙的成本越昂贵,城墙反而不容易修得高、固,防御起来,常常捉襟见肘,在一些地方,还容易造成实际的困难,比如不利于通讯,取水。这样做的意义是什么呢?

大,还是庞大?

我问过一位著名的考古学家这个问题,他摊开手说,我哪知道。

这是一个敏感的话题,也是一个重要的问题,因为它和当今城市建设的某些类似的特点的合法性有关,是大好? 还是庞大好? 现实就像一堵墙,它反而让作弊变容易了或者是变得必要了。你没准可以打穿墙,或者绕到墙的那一侧。但是还有另一可能:就是在墙上看到世界的某种图像——也许,貌似密不透风的墙才是图像的来源。

在听考古学家讲述古代城市起源的时候,我在纸上画了些不太难表现的城市尺寸的关系:相对于频繁地提到的中心而言,不大使用的边缘部分的功能不那么清楚,可以忽略不计;相对于城里走过的漫长距离来说,墙的高度可以忽略不计……但是,一个人会确凿无疑地看到这条模糊的、物理尺寸微不足道的花边,因为它毕竟很长,无处不在,据说,万里长城能在月球上看见,是一个道理(一种神话）。烁烁闪光的夯土或者石墙,仿佛一道有魔力的风景,就像印加人在大地上留下的神秘的图案,远看,会更加清晰。

还是卡夫卡写道:

我们的国家是如此之大,任何童话也想象不出她的广大,苍穹几乎遮盖不了她——而京城不过是一个点,皇宫则仅是点中之点。

中轴线

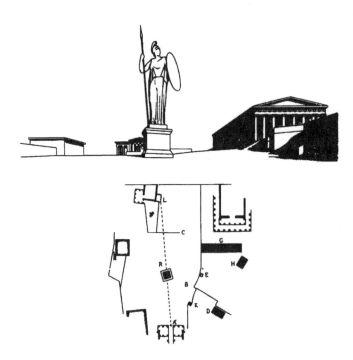

来源：Auguste Choisy，*Histoire de l'Architecture*，1899.

1

南京明孝陵的石象路并不只有石头大象，一路上还有更多的一对对的石像，比如麒麟、獬豸、狮子、骆驼和马，以及更进一步的四组八座石人……当然，石像也包括石象，它们共同的名字有写为"石像生"的，有写为"石象生"的，总之取的是（墓葬礼仪中）"石头雕像模仿生人（物）"的意思。《后汉书·祭祀志下》："庙以藏主，以四时祭。寝有衣冠几杖象生之物，以荐新物。"

很久以前，就听一位学建筑史的朋友介绍，这条路的重要性并不只是看得见的石像，而是连接生死之间的一根线：从大金门出发，到"神功圣德碑"，最终抵达御河桥，它像为死去的皇帝准备的一条仪仗之路。在还没有长满南京市民赖以骄傲的彩叶树木，比如乌桕、枫香、银杏、红榉……之前，西方摄影者甘博（Sidney D. Gamble）拍摄的老照片中，我们看到未曾铺设沥青水泥的荒原，并没有那么清晰的一条石象路，但画面里，有一座或者多座看不见的门，同样有那种通往什么不可知的远方的催迫。今天，这条路在地图上是找得到的，已经纳入整个道路系统，却没有机动车通行，在亡人的山野中，它大概也不像其他城市老旧道路，永远不会"改建""扩建"，以适应未来交通的需要。

按照那位朋友的说法，即使这条线不是直线，也构成一条无比精确的控制轴线，走到特定位置，就可以看见特定的景观——他是学设计出身的，深信轴线在现代规划中的重要性。确实，今天你在任何一座中国城市的雄伟蓝图上都可以找到这玩意儿，而且地位无比尊崇。他确认，现代人看到的，也是古代帝王所青睐的，中国古代城市中的"中轴线"意味着终结一切的终点，以及"天府大道"那样气派的，恨不能三十里外就开始明确的秩序，是城市的脊梁。

吵吵嚷嚷往往又俗气不堪的现代建筑，若非这种强迫的秩序，仅仅是扎堆在一起，很可能沦为卑微的笑话。然而，陵地荒野里的轴线和历史城市现实的"脊椎骨"不完全是一回事:比如,因为"非礼勿视",不借助无人机,很多轴线难以一眼看穿,也就不可能有从城门到皇帝后花园畅通无阻的大路。相反,从永定门到正阳门箭楼,正阳门城楼,天安门,端门,午门,太和门,太和殿,中和殿……神武门,景山……地安门,鼓楼,钟楼……直到北京城的最北端,这条地图上显然的"中"轴线,在现实中是一条断线,或者一条虚线,因为它穿越的大多数地方不仅"非礼勿视",还"非请莫入"。很有意思,城市正北方应该有的那个城门,现在并不是在它理论上的位置上,德胜门、安定门都不是北京的北门;更紧要的,中轴线不仅不是一条延续的直线,它的南北不同片段之间,甚至都没有对齐。

　　大多数中国古代都城是最该讲究礼制的地方,但是它们的轴线,都有各种各样的断裂、歪斜。更有甚者,被这条按理是笔直的中轴线划分两半的城市,谈不上几何学意义上的严格对称。这并不是零星的事故:不说上古那些谈不上几何对称的都城,从东部比西部更宽敞的北魏洛阳城开始,再除去西边有个三海(北海、中海、南海)的元大都/明清北京城,就算理论上最为对称的唐代长安城,从高宗朝开始,也已明显地显出"东重西轻"的状况,除了街东的宫苑显著多于街西,"天街"两侧坊市的经营位置内容特色都有区别。

轴线(axis),在被翻译为中文之前,并没有额外的"中"或者"对称"的含义。我们强调"允执厥中",只能是从最朴素的营造角度出发:以今天的眼光看来,大部分称得上建筑的建筑,要是拿 CAD 图纸画过加上现代施工,必然有相对精确的自我对称;你在空地造个小房子,本没有必要盖得歪斜。但是大型建筑,城市、街区的规划就未必了。古代城市产生的不对称,一条中轴路的路肩都不对齐,也许可以解释为那时勘测施工的水平所限,但是在日常中严格的"C 位"本来就极少。心理上,你可以认定自己身处"天下之中",但是在一个充满多样性的城市里,一定把自己放在中点的强迫症是没有意义的,事实上,站在绝大部分嘈杂的街景中,你感觉不到超越视阈和肉身的宏大秩序的存在。

这里面诞生了一个具体的建筑问题。也是在南京的"石象路"上,我发现了与此有关的奥妙:就在这条神道的某个端头正中,有一个小小的石柱,仅仅二三十公分高,游客们常常好奇。南京本地的媒体,加上某些导游,偶尔把它称作"下马桩"——确实,一眼看去,位于神道正中的这根柱子有点碍事,似乎是为了刻意阻隔什么,类似于车位上防止他车驶入的升降桩。但是这条路上,本不该有乌泱泱的车马甚至行人奔走——这个东西很可能正是古代文献中的"闑"(niè),即"门橛",也就是竖在大门中央的短木:"君入门,介拂闑。"(《礼记·玉藻》)孔颖达解释说:"闑谓门之中央所竖短木也;枨谓门之两旁长木,所谓门楔也。"

演化成了小小石柱的"闑",却是儒家明正礼仪的核心所在,"大夫中枨与闑之间,士介拂枨。宾入不中门,不履阈,公事自闑西,私事自闑东"(《礼记·玉藻》)。枨是门两侧的长木,枨和闑的关系,也就是一个人置身于门框、门限的那一个区间,靠近还是远离中线,这界定了臣下和君主的尊卑,从哪侧出入,意味着公私有别,身份的差异。毫无疑问的是,一个人不能随便出入"中门",即使上古君主本人,有了"闑"这样碍事的东西,他占据的也并非真正的"C位"。换句话说,那条绝对意义上的中轴线,却不总是给现世中的人使用的。

2

　　下迄中古时代，一直是靠（相对）对称，而不是靠砌成水泥路的中轴线来兑现空间的秩序的，有"闕"这样的小东西在，哪怕没有路本身，也能产生出入之别的动态联想。比如六朝陵墓的墓道未必很直，但有的双墓表刻有"反书"：梁武帝之父萧顺之（444—494 年）的建陵，梁武帝的堂弟萧景（477—523 年）墓，梁文帝第七子萧秀（475—518 年）墓，无论文字长短，一侧墓表写"太祖文皇帝之神道"，"梁故侍中……萧公之神道"，另一侧却是如印章般左右反过来的，一侧镌刻的和另一侧互为镜像。更不用说，在众多墓室壁画中，对称的图像往往呈现相反的意义，很多墓葬中更有反刻文字的墓砖。

　　对称并不只是眼睛看到的对称，空间的对称远不如意义的对称更为普遍。事实上，一旦你身临其境，第一眼恐怕都很难发现得了这种对称。活人本难以理解墓葬装置特殊的语境，现代的陵园早也不见了最初大路的限制，一排排的石人石马，最后只剩下凌乱的几只……小小的表达礼仪的"阙"不总能清楚地在场,强烈的、对称而又相反的意义,是靠残存下的蛛丝马迹,比如孤零零的墓表,比如局部图像,比如远山的峰峦和某个弯转之间的对应。是一系列的对立和冲突,逐渐让人渐入佳境,使他觉得是走在一条神圣的道路上——没有现代建筑技术之前,黄尘飞舞芳草萋萋,令得这条路本身未必那么清晰可见。

中古以降,我们很少再能看到偶数开间的房子,因为那会留下一个不讨人喜欢的,恰好位于中央的柱子,和"阙"存在的观感相仿。现代人看来,这个地方应该是中堂山水,花鸟屏风,领导的座席,或者至少得是祖先牌位,无用的"阙"却暗示着你不该老是站在这个地方……在我工作过的大学,名人为学校的餐厅题写了竖幅的书法,可是门厅不小心做成了两开间,三根柱子,书法只好挂在这棵无用的柱子上,不再有扩展为对联的可能。

人们容易忽略的,是早先中国本有过大量的偶数开间的建筑——这也是对称!两间三棵柱子,是AA',三间四棵柱子的范式,是ABA;前者虽然有根尴尬的中央分割线,两侧空间却是充分对等的,假如两间各开一门，门前道路可以"双向奔赴"；后者，会留下一个事实上不能再中分的空间 B，就像太和殿门前丹壁上雕着龙凤的那一块儿，它不属于两边任意一边，属性是模糊的。这，或许是"中央"在凡间的真正结局：能看，一般人轻易不能使用，就像"神道"具有的禁忌那样。

之所以 AA'式的空间在上古不使人尴尬，是在对称中也将产生不对称的可能，不对称反而带来了真正的对称，如同中国古代诗歌中要用"反对"甚至"无情对"去破除"合掌"的毛病。古人除了南面而尊，同时还有着尚东的习惯。也是《礼记》所说："玄端而朝日于东门之外，听朔于南门之外，闰月则阖门左扉，立于其中……"人们坐西朝东，和面南背北的态势交织，建筑的方位设定还要结合人的身体习惯——毕竟，正襟危坐、躺下睡觉和城市漫步是三种完全不同的逻辑，不可能都对称，平衡再加上不平衡，现代城市中多见的动态也就产生了，如同诗歌中的"流水对"。现代主义建筑大师勒·柯布西耶在早年游历卫城的时候便意识到，尽管帕特农神庙是对称的，卫城的山门是对称的，但是将它们连接在一起的，可不是一条新古典主义那样笔直的中轴线。柯布写下了动态游历卫城的观感,是由众多"片段"的印象折合成的递进关系,好似"即从巴峡穿巫峡,便下襄阳向洛阳"。

一条贯穿整个城市的曲折断续的游线,或者,天然蜿蜒的石象路上漫步的怀古者追寻的方向感,和皇家宫苑中被各种禁忌与红墙隔断的,心理层面的"允执厥中"是不一样的。一种关联于即时的行动,可以指导现实;另一种却只能沉醉于冥想,限于将发不发的蒙昧之中。从后果看,观念上的对称,难免和事实上的不对称并存,甚至混淆;假如把观念硬推为现实,对于往往"人定胜天"的现代城市规划,后果难料。

3

看不见中轴线的对称为理解城市带来了另一种可能:试想一下,一幢建筑可以同时服从两个或多个方向的秩序,这样的建筑要么最好是圆形或者正方形;要么,它就超越了单一方向上眼睛简单服从的秩序。

　　从"眼睛"理应进化到"身体"——很多中外建筑都以人的身体作为隐喻,比如道宣的《戒坛图经》所界定的寺庙空间,就是一个人躺在地上的样子,有"首部",还有"手足"。很多人以为"中"轴线在自然中也存在,最恰当和显见的例子,可能是生物进化过程中胚胎发育的特点:胚胎好像是两半独立发育的,对称的两半最终融合成一块儿,人体和某些器官上简直可见一条隐隐约约的分界线,就像塑料制品上往往也有的"接缝"那样。但是奇怪,除了区分左、右,更强大的对称,按说还有那种各个方向向着中心的对称,好像不大属于凡间。物理学家费曼(Richard Phillips Feynman)就讲述过一个他上大学就被问到的问题:为什么我们看到的镜像,只是一个特定的方向对称(左右对称),而不能是上下对称呢?

　　即使基于正交体系的左右对称(上下对称、南北对称),也常是在某些方面不对称的:比如城市中"东富西贵"之类,心脏位于胸腔左部,肝脏位于右部,等等,用生理学、化学等学科的术语叫作"手性"(handedness)。宇宙之中更稳定却不大可见的形式,不是东南西北,而是各个方向都机会均等的运动,就像星球和星球产生的关系,乃至炽热的气体凝结成星球最终又裂解为乌有的生生灭灭的过程。这个过程让人看得到的,包括我们身体上的那道"接缝",与其说是有空间对称属性的"图形",不如说是空间因为不对称而"变化"的物证,是不断交替的新和旧,在三维空间中不断生成又湮灭的接界。

　　既然有这样普遍的自然现象,就不难诞生一些特殊的城市规划或建筑设计思想,它们难得地跳脱在强行对称的视觉形式之外。这些空间形式一眼看去可以相当传统或者普通,只有腾身在空中你才意识到,不管是八卦阵,六边形的螺母,一片森林,或者像苹果公司总部大楼那样是个圆环……有着看不见中心的对称是觉察不到什么凝滞的基准的。人们都有这样的生活经验:你被群山环绕着的时候没有明显的方向感,城市里正交体系的横竖线条在这失效了。这是因为方形属于刻意(arbitrary)的静态构图,基于直角坐标,稍一偏离便会整体失效;而圆形则是更自然的环境认知,你不断获得的空间认知,基于极坐标,有关于持续确立的人和周遭的相对关系——不是"东面""右边""身后""第十个",而是"中心—边缘""内在于""彼此""下一个"。

　　中心还是中轴线？涉及一个城市或建筑的平面是各向均等的有着内切圆的图形（它不仅可能是正方形，也可能是多边形），还是貌似方正，但每边长度不等的有着鲜明方向性的四边形。比如密宗寺庙里经常出现的"坛城"，平面是一个四边都相等的正方形，外槽和内槽构成的图形都一样。人们体验这样的建筑，就如同早期佛塔中频繁发生的礼拜仪式，重点是"（顺序相接的）旋转"，而不是"（有确定方向的）前行"。在周遭各面都有均等意义的空间模型里面，个别建筑、单一构图和正面意象已经没那么重要了。有着工程师思维方式的建筑师们，比如富勒（Buckminster Fuller），多年来一直想象着能够挣脱"平面设计"的逻辑，让城市的空间如同细胞繁衍一样获得真正的自由。

　　既然如此，为什么现实中还是有确定方向的情况多呢？各向同性的有机形态，符合数理逻辑的自然拟合，却和一根筋式的人类社会的等级图式不太兼容。上述的"向心""旋转"很容易结局为静态的图案，自由平面也常沦为乌托邦式样的理想人居模型，"花园城市"的推崇者霍华德（Ebenezer Howard）就画出过类似的平面图，还打了个样。圆形平面带来隐含的螺旋线,然而城市需要一个终点,那永无休止的"旋转",在直抵目标的日常中难有意义,随便一条小小的"凯旋大道",就打破了圆形平面的均匀性。

通常,人们经历建筑空间尤其是城市公共空间的最容易的办法,还就是给自己弄个"牵鼻绳",一条严格的中轴线。然后,你就可以把人性和现实相匹配,越往前去越为尊贵,越为深入,中轴线两路(东边、西边、左侧右侧……)的镜像,相同或者相反,这种简单逻辑奠定了城市的基本"领域"……在呈报规划局,进入建造流程,向大众讲解的时候,基本秩序感和公共视野,最好从一条万能的直线开始,它简单笔直地牵向你的眼界。

如前所述,如果你想要严格意义上的中轴线,ABA 的对称模式,在 B 位上只能容忍一个方向、一种性质的运动,只能用道路正中的护栏、彩旗、绿化岛……来体现,无法为人所用。但是,假如你有一幢横跨中轴线上,建筑内部有着走廊等不完全体现对称的元素,但外表看不见(类似于朝韩分界线上的板门店建筑),代替过去不能含糊的中轴地带,这点小小的麻烦就不是事儿了。中轴线演化出了它更为先进的版本。

　　不管是什么意义上的"神道"，ABA 或 AA'，现在都不妨碍急于通关的游客一脚踩上去，这是现代人的"神通"。所以无论是 ABA 还是 AA' 的中轴线，差别已经没那么大。就连五颜六色的迪士尼乐园也欣然采取了这种强大的中轴对称。

＊　　＊　　＊

　　人类并不天生就生活在中轴线上。即使今天，你还可以在特别偏僻的地方，看到两种秩序并行发育的最初图景。在那里，一条铁路线、公路线，乃至只是山的缓坡上踏出来的小径，就把无数懵懂的灵魂带出大山，改变了人的命运。毕竟，路首先是用来走的不是用来看的。同时，你也会看到，即使只有一小块平地，一位农夫也会自然地把它整治成整齐的井字田畦，这便有了最朴素的空间秩序——土地对人的束缚和它给予人的机会同在。

　　提醒回家的路，走向花园；一路沉思，或者位登大宝。

　　或者是与生俱来的构造。或者，这正是人性懒

惰卑下的地方；像驮马一样，我们只会前行，不大留
意左右，像枯燥城市的看客一样无聊；最终，才把我
们聚集到这么一条异常笔直的，然而是同样枯燥的
大道上。

院子和广场

院子

　　院子可能是被铺陈渲染得最多的空间类型，不止中国建筑独有。看字面意思，合院（peri-style）总是呼唤着一种"向心"的秩序，不仅向心，而且周缠；而且，大多数时候，院子排斥了"外面"的存在。苏州园林里偶然出现的双面廊，也就是从两面都能看进去的那种廊子，圈不成一个真正的院子。要知道，院子的围墙简单粗暴，两面是不对称的：围墙里到底有什么？让人踮起脚觊觎又看不周详，它决定了外面的目光对墙构成无形的压力——在墙里面，人们却不总能意识到墙的存在。他们一旦在院子里，身处的便是天井、回廊、各式各样的房间……对不需要走出院子去的人，因为地在窄小，行为不能逾矩。他无从打望，没有必要总是惦记那些目光不及的建筑结构，他也懒得猜想，院子外围会不会还有道共同的边界。

中国建筑不可能脱离庭院的主题,大到紫禁城,小到当代城市中的单位大院,都是某种意义的院子,但是什么时候开始,我们有了大多数人心目中的那种不大不小的"院子"？这还是个有待解决的问题。院子一旦尺寸过大,围合感大大削弱了,边界也不那么密丝合缝。除非你是在一个巨大的牢狱之中,院子的出口一旦过小过少,它的围墙便处在岌岌可危的状态之中,唐宋之际,巨大的居民小区"里坊"便是这么慢慢崩塌的。

今天我们不打算谈论过大的院子,也不能把范围缩小到一间土狱,也就是古代那种有圈围墙的地牢,"圂圁圄圉"都成了囚室,我们讨论的"院子"不大也不小,这样你既清晰地意识到整体的存在,又不至于一眼看穿上面所述的那种里外的关系。你所在的永远是院子的一部分,但不会是它的全部。

院子里所有的须得是完整的生活,不管它的面积有多小。寝室和花园是院子最低限度的组成部分,放下一张床就是一个家,哪怕仅有一花一木,也算是园林了,这样院子至少定义了一动一静两个不同的功能：一个人在院子中，躺在小屋的一角，坐看庭前花开花落，既是世界的一个缩影，又超越了世俗世界的底线。否则的话，就像新中国成立以后很多大院里发生的那样，空余的部分将要拿来建房，一户变成了多户，宁可降低居住的标准，也要解决城市中大部分人有地儿栖身的问题——我也是在这样的院子里成长，亲眼见它变得拥挤不堪，闲静的庭除变成了大杂院，仅仅剩下可供侧身挤过去的通道，没有边界的亲密感，或是呼吸空间过度紧张，让男男女女争吵不休。

一切空间归于实用，真正的院子也就趋于死亡。

这绝非院子建立的初衷。但是你分明看到，这一切总有个发展的过程，允许张家长、李家短的貌似无意义的闹剧发生，始作俑者也未尝就不是这个院子的主人。只是奠基之始的城市中并不缺空地，大部分中古大城市的城墙里，宅院的周边总是很容易找到比院子更大的闲地。古代庭院，只是模糊地有着内向的气质而不必是"小院"——不知道什么时候开始，它们朝着那种螺蛳壳里做道场的方向发展了，变成了近代苏州自带个园林的宅子那样——

我在《牡丹亭》里找到了这种转变，是若隐若现的
线索。

人们熟知的《牡丹亭》，是明代后期的剧作家汤
显祖的作品。顾名思义，这座"亭子"会是整部作品
场景的核心，主人公杜丽娘和柳梦梅的欢会，正是
发生在这个空间里的。只是，文字所营造的空间未
必和现实——对应，"牡丹亭"的位置，作家只含糊
地交代是在"后花园"中的；"后花园"，可能是"梦
境"而非现实空间的一部分。现实中的"花园"也是
个催发情欲和梦境的所在："院"和"园"，发音一样，
显然后者要比前者有着更多旖旎的风光。

我们对汤显祖的时代那个区域的典型住宅已
有了一定的了解：高墙、天井构成了徽州及其区域
建筑的样貌，内有乾坤。《牡丹亭》的初次演出（万
历二十六年，即公元 1598 年），很可能也是位于一
座类似的私人住宅"玉茗堂"中，没准也有一个园林
式的剧场；同代人邹迪光有"邹家班"，他在无锡惠
山的演出场地则明确地指出了"极园亭歌舞之胜"，
"征歌度曲，极声伎之乐"。然而，汤显祖的戏剧基
于一个唐代的故事，那时的城市空间，距离明代的
现实已经有了很大的不同，出于好奇，我查阅原本

里面的"定场诗",说到"春恨遥断牡丹亭",惊讶地发现元稹的诗句写的,其实是"春恨遥断牡丹'庭'"。没错,一个字之差,所指却有可能是截然不同的空间和风情。

我们也不知唐人提到的各式各样的"庭"是什么样子。"庭"可能就是某种"庭园",但是"庭"的概念要大于"园",作为一个完整的生活空间,牡丹"庭"比牡丹"亭"来得更加开阔,既有幻想,也有现实。1959 年 6 月下旬,在西安西郊中堡村发现一座唐墓,陕西省文管会前往清理,墓葬随葬品中出现了一座著名的三彩庭院,它是我们少见的唐代住宅的"建筑模型",里面含有从陶屋、墙板、亭子到假山的各种部件,而且,这些部件能够围合成一个完整的院子——问题就是怎么组合,唐人的诗文中不断提到"山池院""山亭",唐墓也出土了不止一座三彩庭院,但是这些园林元素和院子的其他部分是什么样的关系?要知道墓葬器物叫作"明器",比起"生器"也就是现实世界,难免存在某种夸大和变形,复原很难一下子有什么确凿的答案。

在最初的复原之中,人们是把假山和亭子放在院子最前面的——假如你见过老北京四合院里那些养着金鱼的大水缸，不难理解1950年代的人这样联想的理由，当时，这种含有园林元素的院子也是考古工作者对古代庭院的想象。人们最终发现，这种排列是有疑问的，比如把"寝"放在"堂"的前方，不大合古代起居的礼仪，也许，唐人说的"山池院""林亭""山亭"，只能是《牡丹亭》中的"后"花园，区别是私人生活不是公共视野。"砌下梨花一堆雪"（杜牧），"合欢能解恚，萱草信忘忧。尽向庭前种"（陆龟蒙），"庭前时有东风入，杨柳千条尽向西"（刘方平）……庭院和自然的联系，似乎是当然的，日本著名的园林著作便叫作《作庭记》，其间模糊的地方，是院子本身也有前后的差别。跨入院子的时候，人们有个不容置疑的面向，这个尊贵的、唯一的面向，和院子自然的面貌有着与生俱来的矛盾，"园"和"院"不能是一回事。

从半坡的原始聚落开始，部落的首领坐在一个圆圈的某处时，也为这个貌似公平的亚瑟王式的圆圈定义了不大公平的方向，就像山东老乡吃饭的时候总要分清谁是主座，谁是陪客，座次不是由椅子的样式而是按门窗的位置决定的。我们突然意识到，应该有两种不同的院子，一种是"庭院深深深几许",一种才是开放式的,盛满来访者目光的"庭前"。乍看起来,这也是我们想象中那种院子和现代城市的差别:围合无处不在,但院子不可能到处都是。

广场

"Piazza"首先是个西方概念,难以严格对等翻译。简单看,它就是拆掉了围墙的庭院或者它的延伸,是更加公共的"庭前"之地,很多岭南古村的村口便是如此。这样的想法当然是不对的。在一个遵循正交体系也就是所有房屋街道都横平竖直的城市里,比如罗马人在北非建立的那些殖民地聚落像提姆加德(Timgad),人们经常有意识地空出一个方正的街区,自然成就了"piazza";或者,有的时候,两个同样方正的街区彼此错动,加上留在原处的其他街区的围合,也形成了类似的空白。毫无疑问,这样产生的"piazza"是不折不扣的"外部",属于城市公共空间,跨越阶级和身份;因此,故宫午门前的空地虽然现在也叫"广场",其实并不能算"piazza",

因为以前这里绝非一般人随便出入。正是因为类似的理由,中东和北非那些清真寺内偌大的庭院不是寻常的"piazza",即使那些得到允许的游客也需脱鞋入内,女性佩戴头巾,走时细声屏息。

空间须得乘以时间。乡村荒芜的圩场,只有在特定的时刻才是真正的"巴扎":年集、岁祭、社火……在朝会或是赐酺的盛大日子里,中国古代都城宫禁正门前那条宽大的横街,才是真正的广场:这一天有人专门扫除浮土,有人关注了一般并不免费的娱乐节目,低级官员或是庶民得以措身于这块禁地,平日他们绝难涉足其中,一时间,黄埃沉静,红尘滚滚。

需要非形式的因素来注释才能自证身份,从建筑学上看 piazza 好像就是这么简单,简单得都无须更多笔墨。然而事实上,这块空地的形式给人的观感极其多样,严格说来这只是一个在中文中才得以统一的词汇,广——场。在西文中它可能是 square (四方,多少说了点形式的事儿),大致各面围合,但也可能是 plaza,piazza,bazar,forum……更重要的,同样的 square,也可能是完全不同的形状,没有半点方方正正的意思,和庭院的规制风马牛不相及。意大利锡耶纳,铺着漂亮鱼尾砖的坎波广场(Piazza del Campo)完全是个扇面的形状,10条漂亮的石灰华大理石嵌在扇子骨上,提醒着你这里曾是个消失了的罗马竞技场,这些放射线把你的视线聚向那个已经不复存在的焦点。

更多的空地都说不出是个什么形状,比如纽约那已经臭名昭著的"时代广场"(Times Square)。和伦敦的特拉法加广场(Trafalgar Square)类似,你在这感受不到半分庭院的形式所包含的意味,不是个"场"都想要聚拢什么;尽管人山人海,它也谈不上有多"广"。你所能感受到的,只是那四面八方都有的大路上的车水马龙,亮晶晶黄色的出租车聒噪的喇叭,和一刻不停眨动的各色屏幕,感官所及的地方传达的都是"变化"——罗马人的小城市中断不会有这样的声色,现代的大城市才可能有。纽约的广场,是由一条斜向的百老汇大街,由东南到西北,切割中城至少十个街区形成的,这样就有了好几倍于这个数目的街面,适合布置各种各样的争夺你注意力的画面,广告商都要笑翻了;特拉法加广场的北面,虽有个新古典主义街区的模样,南面街心的查理一世塑像小广场的放射形,却把城市搅和出了远远不止四个分岔——越是眼花缭乱，越是找不着方向，越是适合在这里可能发生的沸火盈天的一切。

时代广场其实是"时报广场"，Times 指的是 *New York Times*（《纽约时报》），字面意思并没有直指"新世纪""××纪念"。到了香港，这个错误却被固定了下来，空间被打上了"时间"的印记：铜锣湾的"时代广场"（现在英文改成了 Time Square）更模仿纽约著名的同类跨年仪式，但它其实是一个摩天楼围合成的大型购物中心群组，曾经是港岛之最。大部分商铺并不通宵营业，这里的夜晚依旧是静悄悄的，"时代"并没有在此现形，普通顾客并不会在意"时代"和这空间的关系，相反，这里的"时代"好像在有意无意地向后看。就着地形在这里盖起的办公大楼：一座叫国民西敏大厦，一座叫苏格兰皇家银行大厦，另一座叫作蚬壳大厦；这些古怪的名字和本地的东方记忆无关，更和幽晦潮湿的南方的夜晚挨不上边。借助那含混而又不容回避的意义，广场中心的铜钟凝铸的，仅仅是一种古老的城市机制的提示，反正要扣准那上紧发条的"时代"的题目。

"时代"的鼎革造就了不同的广场,而不是特定的广场造就了一个时代。空地和空地唯一的相似之处是它们其实都谈不上多么方正——这也许不是那些在图纸上描画下线条的规划匠的本意,piazza 形状发生的意外只可能是时间中产生的偶然:严格对称的场地不同侧的建筑也会不可避免地不完全一样,上海火车站前,哪怕仅仅是单向通行的城市交通也打破了左旋右旋必须同存的平衡。理由很简单,只要是一个开放的城市空间,即使只有方寸之地,它也得和难以完美的城市秩序的其他部分连接,单向路要接驳大马路,这块空场最终消化大都会那混乱的部分,并体现在自身无法定义的形状里。它的弱点:可能是一段松弛的边界,只能用木板封起来的理论中的通道,或者暂时缺乏意义也没有情侣问津的死角……如果不能交给建筑师或者城管,广场就只好托付给广场舞大妈,她们只要有一个宽裕的地方,就能安顿自己的队伍。

德国国会大厦。在各个历史时期,它前面的空地有着全然不同的面貌:19 世纪初建的时候,它面对的是一片巴洛克风格的花园绿地,而如今的开放象征着新德国的民主和公平。在"二战"末期,此处被炸成了一片废墟,而在冷战的年代里,靠近东西德分界线的这里实际上是被荒置了,两个柏林的人都不再把它视为任何意义上的中心。大多数人至少还记得,国会大厦后是一堵著名的墙,随后墙的移去,并不能剥离出墙后原本饱胀的意义移植到这里。草坪上无序的人流,大部分会涌向诺曼·福斯特(Norman Foster)改建的再没了穹顶的国会大厦,就像铜锣湾的人们,最终要回到也叫"时代广场"的建筑内部消费,又一次,空地变得彻头彻尾的空旷了。

柏林的和其他各片空地的苍穹下,是"空",是20世纪逐渐被稀释的空间的演化史。

院场

你去过万人以上的演出现场吗?院子和广场意外相似的地方,都有一种文明和野性的并置,有看客和被看者之间的戏剧性的对峙;前者内有魔术般浓缩了的自然,后者依靠一种现代的幻术放大了的肉身。到了演唱会现场,你才醒悟到空间的魅力在于它的内容,只有在特定的时刻才会被点亮,靠人群营造出的空间场景梦境般汹涌变幻,甚于盛大但凝滞的装饰或者空洞无物的舞台。一旦置身于这样的城市生活中,你的灵魂似乎也被撕扯着布满了整个空间跟随某种音乐的律动,天幕像一面大鼓敲击着加快了你的心跳,纷纷扬扬的纸片撒在光线中如一场暴风雪。

不,我说的不一定是北京太庙的庭院,临时被改造成摇滚演出场地的那一个。这,也不必定是在时报广场或者"时代广场"上迎接新年来到的时刻。事物的特点总是有所区分也时时融合,院子不总是小桥流水,也可以容纳好几场斗殴,现代城市的中心因这能喘气的闲地而生,貌似开放的"空"间却也有其边界:演唱会有多热闹,广场周边的摩天楼就有多巨硕。

从罗马人的集市发展为一个城市的中心开始,piazza便天然需要人群的聚集。但是我们很难判断,他们是在像草原上的蒙古人那样欢祝节时,还是为了什么不成体统的现代人的癖好,甚至,一切只是为了争抢打折季的购物券出现的暂时的骚乱——环绕piazza的建筑形式本身无法决定这些。

在柏林的广场上,这种悖反呈现出了一种自我矛
盾、自我取消的倾向——人潮汹涌的场面既可能是
1948 年西德封锁柏林时期的聚会,也可能是今天著
名的同性恋大聚会"爱的游行"(Love Parade)? 在
前者,柏林市长路透(Ernst Reuter)曾向聚集在这
个广场的西柏林市民发表了著名的演讲,从而引起
了西方世界对于"铁幕"的恐惧;后者则是这个性别
错落时代的光怪陆离。两者意义截然不同却同样
骇人听闻。

　　这进一步带来对空间幻化出的影像的沉思,甚
于绝对的、自为的空间自身。广场是什么? 你看见
它的时候也忽视了它。一般来说,不像建筑,在无
人机出现之前,置身这片虚无中的人无法拍摄一张
真正的广场的照片:一方面想象中完美的构图和肉
眼所见有所不同,另一方面,作为一个虚空的形式,
广场很难脱离那些界定了它的形状和所止的背景
而存在。当很多人说起贝尼尼(Gian Lorenzo
Bernini)设计的圣彼得大教堂广场的时候,我们事
实上是搞混了,以为它等同于米开朗琪罗参与过的
整个教堂的工程。最后,大多数地砖是通过繁琐的
工序才结结实实铺牢在基地上的,工艺复杂,价值

不菲,即便今天我们也不能完全解决城市地面铺砌"返碱"的现象,不能把它做得和建筑本体一样精美。Piazza 是一个物质化的实体,可是很多人误以为那本是一片空白,无论是画面还是照片中,他们首先看到的也是广场周边的建筑,而不是相形之下无足道的铺地的材质。

一个正方形囚禁在它自己的形状里……你看见的是它的边界,却不是那片空白隐匿着的东西。只有一种情况你可以真的看到这种特殊建筑形式的模样,那就是它挤满乌泱泱的人群的时候,人群让被占据的空间"显影"了,它边界或者背景的意义不再那么重要。上个世纪 90 年代,第一次,我从我的德国同学那里看到了柏林的亚文化狂欢,准确地说,是那刺青身体和塑料颜色汇集成的整体,就像一片彩虹色起伏的海浪,它和历史上发生重大事变的主体类似,后者可能是不同颜色翻涌的"海浪"——但两者本是同一片大海。当代柏林人对于现世的厌倦一如他们曾经对此的狂热,虽然出于不同的情境,爱和死一旦叠成排天怒涛时,使人同样惊悸。虽然意义已经逆反,看上去,它们在空间中的表征(representation)却是那么地相似。

　　Piazza 的表征和它用什么铺砌同样重要。因为它最终说出了空间对你的意义所在:一张千百人的集体合影和影楼里单独对着你微笑的美女照片是一回事吗? 空地两侧的高大建筑物当然是引人注目的,可是,它们并非这种特殊建筑形式真正的形象,从来没有新古典主义强调的正立面的效果。相反,piazza 的表达永远都是和一种具体的数量有关:海涛般的人浪席卷过巨大的空白,为我们带来了更强的视觉震撼,我们的眼光无法导向更深入的细节,但它们又无所不在;那些高过手臂的符记里所读出的,是什么样的欢笑和呼喊? 那些细小而如波涛的人形上,承载着什么样的表情? 我们"看"不清楚,也不可能"知道"——但是我们深深知道他(她)们的力量,表面上空间的边界决定了它的容量,实际上,是容量的物质构成决定了 piazza 的力量。

　　在当代,"复数艺术"的创作脉络在意义和形象的歧路中若隐若现。整体更重要,构成社会认同感基础的每个人的面貌反倒不重要了,对于 piazza 的上述形象而言,整体也就是局部——其中便也牵涉到不同的阅读城市语境的纠结:广场是一种客观的空间,还是某个像贝尼尼这样的艺术家的作品? 城市形式构成的对立的语词,比如庭院和广场,一方面自然组成一种"意义的拼图",同时它们之间又是种彼此竞争又互为表里的关系——具体地说来,就是构成拼图的元素越多,拼图表面的多样性越纷繁,当它们被转置于一个中性的情境里,这些元素向反面转化的可能性也就越大:特定的形态并不必定指向特定的含义,只有被具体地使用/体验了的形态,才有具体的含义。

当代城市的"空间"和(重大)"事件"在不知不觉中产生悖谬。无论渗透着什么样的国家性格和意识形态,这样的设定总有着两面性:一方面倾向于建立起权威的属性,另一方面这种权威也难免遭到权威自身的蚕食,任何现代的城市建设几乎都不能例外,甚至这也和某种社会制度无关。比如,我熟悉的一个艺术家吕山川便观察到,同在巴黎:"……东部的广场代表平民势力,西部的广场体现国家的权威",艺术家依靠自己的直觉,领悟到"一个……是永恒的,每一个堆叠在空间里的故事却都是跳跃着变化的"。端庄的、空无的和缺乏变化的几何形状意欲吞噬其中的一切,最终却不得不为各种事件所充满、炸裂——不管它们是什么样的诉求,这样的事件永远在模糊着这片空地的面貌,使得永恒的意图最终让位于变幻的时间。

对于涌入广场舞现场的人们而言,当他(她)们争先恐后地企图发出自己声音的时候,他(她)们也终将淹没在更多怀有同样想法的人们中间。

场院

以上也就是"媒体社会"的缩影。无限膨胀的信息规模和人心的尺度,造就了这样的空间的奇观,然而也切断了人们和身边事物的联系,特别是就那自以为身处在城市中心的人们而言。即使一片空地怎么说也是一个公共空间,如果它大到一定规模,人们将彼此看不见也听不到,不得不通过各种媒介来间接地认识这个空间,无法真的身临其境,往往产生悖谬的认知。这就好像在社会底层感受萧条市场的人,也许,却比那些编织在数据网罗中的人更直观地认识到经济形势的走向。

那么,难道,古代那小小向内的庭院,就真是现代人的乐土,不是另一重我们生存困境的象征吗?

不知道有多少人，是在什么时候，糊里糊涂走进这个被囚禁的空间里去的，他们自以为从此就获得了另外一重解放。但是正如我们一开始所说的那样，院子也未尝不是一个公共的所在，未必就完全没有公共空间所面对的风险和挑战。取决于院子有多大，围墙有多高，围墙是以什么样的形式存在，阿克巴大帝（Akbar, in full Abū al-Fatḥ Jalāl al-Dīn Muḥammad Akbar）在法塔赫布尔西格里城（Fatehpur Sikri）的清真寺和汤显祖的牡丹亭，犹太少女安妮·弗兰克（Anne Frank）的家庭在"二战"期间藏匿过的阿姆斯特丹运河街和徽州民居的天井判然有别。尽管，这四种院子，都提供了对于有着复杂内部结构的唐代三彩院落的某种复原方案。

首先，建筑的尺度其实可大可小，围合的形状千姿百态，相对于特定的面积才有围墙的高矮，有了特定的围墙才有院子的性格。人们一想起院子就联想起"小院"是不对的，但"乔家大院"也并没有一般人想象的那么宽敞，只不过砖墙砌得挺直高耸罢了。现代建筑显著地提高了单体建筑的规模，因此围墙的尺度也有可观的增长，不管如何"尊享"，有车库而且不止一个的院子只可能是"大院"了。

古代人好说飞檐走壁,那是针对类似隋唐长安洛阳里坊围墙的规制而言的,根据考古发现,夯土制成的这个居民大院的边界并没有那么讲究,为了不至于很快崩塌,中古时代的筑墙术还做不到直上直下,土围墙的高宽比例可以达到二比三。这样一来,一个脚力矫健的人,完全可以在一阵助跑之后沿着有坡度的陡坡奔上院墙。围墙的神秘感因此打了不少折扣,四处漏风的院子变成了某种形式的广场。相形之下,现代建筑技术让"口"字形的大楼自成一体,代替低矮朴素的合院成为更可畏的天井,如此紧密的禁锢和相对窄小的出入口,即使这里不是监狱,一个人走出去也得研究半天。总的来说,有了冲天而起的高墙的帮助,院子在历史中是逐渐走向了它的黄金时代,而不是像古代的戏文一样趋于没落。

其次,我们从上面的例子就能知道,院子的围墙可能由各种各样的建筑元素组成,就像少女安妮·弗兰克躲进后院的那个街区,本身并没有围墙,沿街的街道就是围墙——起到围墙作用的元素和街区的内容间并没有截然的界限。除了各式各样周匝环绕的廊子丰富了建筑空间的格局,建筑本身就可以包含各式各样的内部,也就是说,它自己就可以成就自己的院子和广场,难怪,广场和院子都很难只是房地产的附属设施,而不是房地产本身("××院子"实际卖的是中式别墅豪宅,铜锣湾的"时代广场"的物业,主要管理的是摩天大楼)。"唯有王城最堪隐,万人如海一身藏。"(苏轼,《病中闻子由得告不赴商州三首》)按照广场上人群的逻辑,前院是后院的掩饰,后院又构成前院的图底,当院子大到一定程度的时候就变成了一个小小的广场,反过来,关了门的piazza再大也还是院子,就像诸多叫了公园名字的古代园林晚 8 点钟之后的状况一样。

为什么我们没有把也是深井般空间的时代广场叫作一个院子,而大家族聚居的徽州祠堂,直到今天也不适合公共广场的活动?仅仅从平面图和剖面图上看,院落和广场这两种建筑形式的边界并不那么清晰,但是你一旦置身于其中,被诱惑,被拒绝,被排斥,被恐吓,你就明确无误地知道,自己到底是在一个院子中还是身处一个 piazza,边界又在哪里——这也是安妮·弗兰克不言而喻的命运,和广场不同,院子或多或少隐匿了一些东西,对她而言这种隐匿不是某种美学问题，而是性命攸关。1942年她的一家躲到了她父亲办公楼的后面一幢小房子里，房子的位置是这个街区被沿街建筑围合起来的腹心位置，一般无人问津。要命的是一切真相都大白的那一天，他们全都被遣送到集中营，大部分人最终遇害。

据信，"二战"中荷兰的犹太人73％的死亡率在西欧的德占区是最高的，远大于比利时的40％和法国的25％。塞尔策（William Seltzer）和安德森（Margo Anderson）认为，这是因为荷兰有着尤其严格的居民注册系统和身份认定制度，可以追踪一个人"从摇篮到坟墓"。在战前，荷兰当局将其吹嘘为一种公共管理的成就，讽刺的是，1942年德国占领军接受这套系统之后，它们也方便了对犹太人和吉卜赛人系统的谋杀。即使足不出户，一个人在如此精细化管理的社会空间中无可逃遁，这和你采用什么建筑形式营造家园并没有太大的关系；在当代的广场上，必要时，大数据结合无所不在的摄像头可以迅速甄别出系统需要的那个人，无所谓你躲在谁的身后，或者藏在人群中大喊大叫。

但是与此同时，院子并没有消失，即使随时可能被高楼上的邻居瞥见,遭到无人机的入侵,那种最老套的院子依然售价高昂。这是因为它的某种魅惑,至少晃过了大部分眼睛或者心灵,比起气势宏大但难免吵吵嚷嚷的 piazza,院子的外表更具备亲切的欺骗性。对于大都会人而言,正面是什么反面又不是什么,已经足够算作奇妙的建筑的幻术了,把结构变得复杂的拓扑学也是一种结构学,但同时也是通俗的心理学。那就像汤显祖犯的"错误",他把无法回避的"庭"院混淆成了一座语焉不详的单体建筑;然而这个亭子确实不需要是现实存在的事物,它只是"庭"中人对于院子的一种想象,相应的院中一定要有树木和花草,最好还可以有一泓照得出自己影子的清泉,一切便已经足够。

* * *

我在北京去过一个很特别的院子,第一眼就惊诧老城心脏的部位难得还有这样的地方。好处:它几乎没有经过任何修理,又朴素得奢侈,简洁得生硬,就好像时光倒流了三十年。你不会随随便便走进这种院子,那小时候放学时常经过的,不起眼却又绝无访客的门脸儿,使人一下警觉到,院子里面依然有种古老的不容冒犯的等级:黄花落叶的古巷,一定是某个了不起大人物的故居。

然而门口蹲的是一堆一堆捧着大瓷缸子吃晚饭的民工,他们是为这个院子干活儿的。在各种真五星假五星的酒店服务生的映衬下,一下子,这个院落反而有了接待最高等级外宾的范儿。这可是皇城人海的深处,逡巡在四周寻找空场的资本无形的压力,就像不远处那些阴影绰绰的大楼一样,叫过路的行人喘不过气来。好在,这一处还趁点富裕的地儿,可以让人流汗,让人心跳放缓……在园中一切归于沉寂,老槐树下,也许曾是三公六卿的座席,现在他们已和巨木一样老朽,园中树只有枯干,没有新枝。它们未来的主人绘就了新屋的蓝图,绚烂至极却又难免枯燥、重复——也许碍于还剩下一口气的现主,暂时给小院留下了短暂的平静。

只是一抬头,任谁也挡不住高楼满空。即便搅拌机没日没夜的轰鸣,也比不上巨变了的世道人心。

巨构

1934 年,刚刚设计投入使用的道格拉斯海豚式飞机掠过外白渡桥(Garden Bridge)上空,背景中是开业不久的百老汇大厦(Broadway Mansions,后更名为上海大厦),至今仍是这个地区一座醒目的酒店——在旧上海时代,长久以来,它是高度仅次于国际饭店的真正的"摩天楼",可能,在整个中国历史上都是一个时代的开始,毕竟,从来都没有过这么高又如此直率的民用建筑。

　　这张老照片,不能不使我想起著名的协和式飞艇"停泊"在纽约帝国大厦顶端"桅杆"上的图片,尽管假想未能真正实现,它却形象地揭示了城市新高度和天空的姻亲。巧合的是两者都在 1930 年左右兴建,尽管帝国大厦的高度是百老汇大厦的五倍多,二者退缩上升的体型却有些类似。值得额外指出的是,帝国大厦随高度上升的退台,呼应的是纽约密集城区的城市日照法案,但百老汇大厦类似造型的来源就有些不一样了:在北外滩,它碍不着附近矮个儿的邻居什么事,这种造型也许是结构的需要——高度和基座的平衡,也许就是一种与周遭环境无关的时髦,和大部分城市形式演变的逻辑类似,符号首先源自内在的功能,最后以某种强制的方式成为习惯。

对于当时地面上的人们而言,照片中自上而下看见的图景,不啻是天方夜谭。在同一张照片里,越过百老汇大厦向闸北方向望去,那里还是一派低矮茫茫的城市贫民窟,不久以后侵华日军的飞机就会重点轰炸那里,留下震撼人心的人们在废墟里奔走的照片。大厦的前方是非常有名的百年老桥,外"白渡"桥。[名字也许来自它所连接的那条路(Broadway),或是它所连接的著名地区(Bund)的讹传?]

即使时间已经过去了半个世纪,我也是人群中从地面上仰视那幢大厦的孩子之一,就像电影《马路天使》中从石库门里来看新鲜的年轻人一样。在我成长的年代,巨型建筑早已有之,绝不是当代文化的发明。我只是在年长之后,才有机会亲眼见证那些人类历史上留下痕迹的巨构,那种震撼和上海大厦一样,只有身临其境才能充分体会。无论是胡夫金字塔，还是墨西哥城郊外的提奥蒂华坎（Teotihuacan），站在这些抽象无用的几何体面前，人们依旧只有由衷感叹的份儿——在体量上，当代的巨型建筑并不一定能超过这些古代的大家伙，只是，它们在别样的文化情境中堆积起了更浓烈的意义：城市变得抽象，空间最终转化为数字。"9·11"事件中轰然倒塌的双子楼，从统计学上直观地说明了这种意义。人们花了数年的时间，从曼哈顿下城的废墟上清理出足足 181400 吨钢铁——这个数字，比新中国成立初中国全国的钢产量还多——当然，还要加上无以计数的土砾，和漫天飞舞的各种"物"的碎片。

那么，与巨型建筑相关的"人"呢？在各种战争、恐袭的画面轰炸你的手机屏幕后，人心对此渐渐麻木，即使只是有关人的数字，只有在稠密都会中心的类似损失才被关照、被记录在案。据说，世界贸易中心有五万人上班，预见到可观的生命的损失，在恐怖事件爆发的那几天，纽约市为这两幢大厦准备了 11000 个运尸袋。

1

巨型建筑的说法同时来自人的感性和理性。大多时候它指建筑物的绝对规模,不管是高度还是数量——"巍巍乎高哉",或是"侯门一入深似海";另外它也可以指超越人体自然形态的相对尺度,或是超越了寻常水平的心灵的冲击。相对和绝对从未曾简单地分离,大多数"大"其实都是相对的,不管是木结构的上限,还是开发的强度。站在卡纳克神庙(Karnak Temples)硕大的柱子下面,你当然会忆起《尼罗河上的惨案》中的经典桥段:一块巨石滚下,险些砸中主人公林内特和西蒙,但是身在都市久了,照片看多了,20米高的柱子未必就让你那么惊诧,那些同样尺度的法老神像,只有当你把它们和自己比拟,才能意识到这些建构物对于古埃及人心灵的碾压。

资本主义大都市关乎某种"风格"和"感受",但它更早源于对"人"的经济属性的计较,现在看来,类似摩天楼这样的现代建筑,很大程度上是诞生于成本和利润——卖楼花,比卖楼还要早,还要重要,只是大都会翻新的故事成就了摩天楼,后来,想象力就和使得想象力飙升的技术一样重要了:资本主义市场庞大胃口的奇形怪状,点染成了摩登时代新巴比伦的花花草草。

最早的摩天楼创意基于两个完全不同的方向:无限地延展多层建筑的层数和高度(有关"感受");以及在三维里寻找更多的地面面积(有关"经济学"),两种思路齐头并进。伊拉斯塔斯·索尔兹伯里(Erastus Salisbury)是位早年曾在纽约学习的历史画家,在他的画里,幻想城堡高耸而古怪,造成的奇观主要在说"高",依然有着中世纪哥特建筑的影子;而称为"定理"(Theorem)的建筑组,则提出了一个有几分黑色幽默的点子,它与其说是认真的方案,不如说是说明了摩天楼的另类起因:就是将城市地皮无限制地向上叠加。首先建造一个"架子床"似的钢铁巨构,像立体停车场的骨架,巨构上的每一层堆积了一幢一幢的独栋洋房,都有前庭后院、阳光、空气和草坪,如果你不往外望,往上看,还误以为自己仍然住在中产阶级的郊区。这近乎玩笑的提案,似乎只是为了逆反摩天楼通常的逻辑,说明一个简单的道理：既要现代建筑的"里子"（有关"经济学"），也要传统建筑的"面子"（有关"感受"）。现代城市的田园诗意可以有个技术性的解决方案，于是，在高密度的都会中好像不改变传统的居住方式，也能无上限地提高容积率。

有了简单的技术发明，类似的"垂直城市"才有可能：框架结构和加强混凝土，使得建筑可以上到石材不能承受的高度，电梯便利了各层之间的联络，地下车库和立体交通让大量人群在短时间内来去裕如，共享的公共空间大大提高了建筑的使用效率……19 世纪首先想到提高这些技术的，并不全然是美国工程师，法国人奥古斯特·佩雷（Auguste Perret）在巴黎富兰克林大街设计的公寓楼，便率先使用了加强混凝土，不用说，善用预制钢铁框架的埃菲尔铁塔或是"水晶宫"，甚至屹立在哈德逊湾边的自由女神像，都是欧洲人的杰作。然而，是美国企业家的魄力和美国市场的容量，还有新大陆不拘一格的文化，才使得这些技术的使用和调配趋于极致。想到市政工程之中的钢铁组件可以用来建造芝加哥的摩天楼的那些人，不是建筑师（那时培养这个专业的大学都不一定存在），是东岸那些事业

成功的路桥供应商,他们敏锐地观察到美国中西部
的地产热潮,那里可观的商业利润,亟须一种批量
和有效率的因应之道——至于巨构是不是符合小
镇居民"感受"的问题,从来没有困扰这些貌似的
"行外人"。

　　一旦解决了收益的问题,人们便可以轻松地让
路易斯·苏利文(Louis Sullivan)的保险大楼有罗马
风的贴面,而纽约的大都会人寿保险大厦的外观,
也可以是一座高大得多的威尼斯的钟楼。当你只
是在照片中凝视着它们的时候,没有人会注意到欧
洲的原型建筑和这些现代拷贝的区别。事实上,至
少一开始的时候,现代的巨构并不比历史上的高到
哪里去,纽约的老宾州火车站(Penn Station)最高只
是 153 英尺(47 米),而它仿造的对象,罗马的卡拉
卡拉大浴场(Caracalla Bath),一部分废墟也高达
130 英尺(40 米)。

　　先说高度竞赛。在中国,建筑规范规定 100 米
以上高度的属于超高层建筑;在多地震的日本,超
过 60 米就已算是超高层建筑;而美国则普遍认为
152 米(500 英尺)以上的建筑才是摩天大楼。在亚
洲城市抢过风头之前,20 世纪的纽约是这竞赛当仁

不让的竞技场,它完全同步直播了美国国力上升期间炙热的金融战争:早在 1902 年,容身于斜向的百老汇大街和方正格栅切割成的三角形街区,308 英尺(约 94 米)的"熨斗大楼"(Flatiron Building)已经吸引了芸芸众生的眼球;仅仅七年之后,大都会人寿保险大厦以 700 英尺(约 213 米)的骇人高度,将这个数字提高了一倍之多;1913 年伍尔沃思大楼(Woolworth Building)拔向 792 英尺(约 240 米),它的世界最高纪录保持了十七年,直至有着优雅尖顶的克莱斯勒大厦建成。

那以后没过几个月,1931 年 5 月,通用电器的副总裁约翰·雅可布·拉斯科布(John Jacob Raskob)手指中把玩着一支扁铅笔,像是开玩笑般问他的建筑师:"比尔,保证楼不倒的话,你到底能建多高?"

结果,这个耸人听闻的新纪录锁定了纽约天际线的高度竞赛,一直保持到了 1973 年,直到旧的世界贸易中心的落成——拉斯科布和他的御用建筑师谈话之后,只用不到两年的时间,高达 1250 英尺(381 米)的帝国大厦便建成了。投资者刻意在大厦的顶上加上电视塔(世界上最早的电视传播实验之一正是在此实现的),使得它稳稳地超过了第二名克莱斯勒大厦。

为了高度牺牲了的是建筑质量。大厦"体质虚火",高度后面投资寒酸,商业表现差强人意——1931年,大萧条已经开始,萧条的蔓延和"Empire State Building"的诞生过程几乎同步,经济崩溃,这幢世界最高建筑很长一段时间内租赁情况都不乐观,人们给帝国大厦起的诨名是"空房大厦"(Empty State Building)。

2

"帝国"重要的不是技术,而是将万千世界的想象凝聚在一幢建筑物中的文化,"帝国"是一座空中的、立体的城市。这种有点变态的高大症,终于在20世纪末传染了亚洲的天际线:就在9·11事件后不久,阿联酋的大亨们宣布,他们将建筑一座828米的高楼"迪拜之塔",比帝国大厦整整高了一倍,听到这个消息,终于,被"高度"烧得人心惶惶的全世界都沉寂了,人们不再总是回应"世界第一"的高

度宣言了。有些聪明的中国开发商明白,即使虚拟
的"高度"也一样可以博得社交媒体的眼球,有能力
挑战巴别塔的,只有从阿拉丁神灯的故乡来的神话
中的人。

对于作为一种巨型建筑的摩天楼而言,高度并
不是唯一可以说道的地方,它的"大"同样引人注
目。高度是一种视觉化的数量,而"大"还关系到文
化和感受,"大"最终是一个结构的概念,它可以向
四面八方扩展,不仅是高度,复杂性本身也是"大"
的一个必要条件。

就在摩天楼出现的同一时期,同一屋顶下强调
"最大"(最复杂,多样性更强)的"单体建筑"的纪录
也频频被打破——需要问的问题是,这方面的追求
为什么总是比"最高"晚那么一步? 技术只是原因
之一。在罗马人手中臻于成熟的交叉拱,早已大大
提高了单体建筑的工程上限,即使在今天看来,斗
兽场的体量仍然是蔚为惊人的;哥特式教堂里面的
空间,也可以轻松装得进大多数现代日常建筑。但
是大多数传统建筑并不能媲美在体量和功能上都
空前的现代"巨构":比如里面装下了眼花缭乱的功
能的东京火车站,比如一口气填海 40 公顷造成的

香港西九龙文化区。一方面,固然是由于材料结构的限制,另一方面更是文化的原因,说到底,不是所有时代的所有建筑都适合所有的"人"。

例如,石梁石板砌就的古埃及神庙可以有很大的顶高,它的结构跨度却无法很大,古代罗马大都市的"楼岛"(insula)几乎就是今天公寓楼的同样结构了,装得下很多人,但和神庙一样采光很差,进深有限,而且里面的空气流通也不好。这样幽晦的建筑,无论哪个时代看来,都是无法适合人的正常生活的。人们在里面做什么呢? 不能只是祈祷、默立和祝颂吧?

"现代"不仅仅有建筑技术的爆发,它也打开了建筑禁忌的封印。每在立交桥下走过,就会由衷地感慨我看到的一切。其实,眼前的混凝土桥梁,挟着滔滔车马的洪水,已是比卢浮宫、金字塔更震撼人心的"日常的奇观"了,它们各自是自己时代的"功业"。多少年来,人们其实是自己推倒了那些暴戾的基础结构(比如老北京的城墙),然后又以"更新"和"发展"的名目将它们一遍遍再次建起,同样对逝去的篇章再三怨尤。多少次了,悲情挟着为"进步"悼亡的各种名义蜂拥而至,总是"马后炮"——殊不知每个时代的"功业"是没有,也不需要人性的。人性注定是一种顾头不顾尾的"oneliner"①。

原始的巨构逃脱不了香港九龙城寨的结局,除非人为的干预,蚁穴在达到一定规模和密度后便会崩裂分解,现代大型建筑的早期发展同样逃避不了这样的瓶颈。1889 年,纽约市开始允许建造金属骨架的建筑,和芝加哥不同,它甚至没有规定高层建筑的高度限制,刚刚找到自己第一片市场的电梯公司,因此发了大财。几乎在摩天楼出现的同时,爱迪生于 1893 年发明了电灯照明,但是长时期内电灯照明依然昂贵,加上当时还没有良好的人工通风和空调系统,在夏日,点亮无数白炽灯泡的高楼屋内如同火炉。不要说那些在摩天楼工厂里从事轻体力劳动的工人们挥汗如雨,就是伏案从事的书记员们也会受不了。这一切决定了建筑的单层面积无法太大,建筑进深只有限制在 6—8 米,才好充分利用自然光照明。这甚至造就了一些城市街区建筑规划的标准尺寸。

---

① 英文中指一种一句话的笑话段子,开始,结束,所有的意义包含于其中。

假如以上的瓶颈只是技术瓶颈,终究不是什么问题,只要文化的火车头一往无前,技术搭载的车厢迟早会重组成自己的编队。正是对甚少依赖自然条件的巨型建筑的想象,激励了工程师孜孜不倦地探索动力与空调系统,1940年代,冷光光源(日光灯等)成为经济和合用的人照光源,标志着阻碍大型建构发展的主要技术问题圆满解决(LED灯是半个多世纪后另一个强有力的推手),刚刚征服了"高度",一个有着人造"气候"与"日夜"的室内世界的"大",已在望中。

因为投资者不愿牺牲宝贵的土地面积,设计的思路必然是尽可能兼并公共空间的功能,把室外也变成室内;室内的"气候"其实比"室外"还要优越,主要是便于控制调节,而且也能有室外的一部分真实感受,这样,美国建筑师、企业家波特曼(John Calvin Portman Jr.)式样的中庭空间便也顺理成章;最后,与其在露天中承受开放空间的各种自然和社会风险,不如把一切都纳入庭院,于是只要城市道路的外沿允许,巨构就会占满整个街区——1931年在纽约公园大道和列克星顿大道、49街和50街之间落成,占据了200乘600英尺的整个街区的华尔道夫－艾斯托里亚摩天楼旅馆,据说包罗了一座50000人城市的功能。想傍大款的年轻的福布斯(Bertie Charles "B. C." Forbes,没错,就是我们熟悉的那个"福布斯"家族)在此包房,好碰见纽约"所有的"土豪,"我将我的生活积蓄投资于下榻华尔道夫酒店,我竭尽所能与金融和商业巨子摩肩接踵……这是我一生中最棒的投资。"最终,福布斯自己也成了真正的土豪。

在此处,建筑的进深已经不是问题,通风和照明也不是问题,大型结构单调的组成更不是问题。它通过复杂机械和工程设备,更借助手工艺人和镶着金边围裙的侍者精心摆布好它的室内,它向每一个来访者呈现出的不是枯燥的理性,而是餍足想象的无所不能的"功能"的总体,是一个世界中的世界。一个人居住在由一幢建筑组成的城市,并且真的可以像福布斯那样认识"所有人"。

3

人类文明史的前几个千年,就没法想象这样容纳"所有人"的建筑？也不完全是。几乎没有任何内部却又感觉无所不包的金字塔就是世界中的世界，它有类似的"空间"——不，"无间"。

李格尔（Alois Riegl）说，直到罗马帝国的晚期西方文明才能想象"空间"，后者主要是靠一种绵延的深度决定的。摩天楼这样平面窄小的建筑本无深度，资本对于空间的贪婪攫取，使得建筑物的内外完全脱离开了，这才有了密斯式样的全玻璃幕墙大楼，人们判断不出其中人的尺度，在黝黑反光的表面上看不到一丝内部的痕迹，这是更加耸人听闻的"深度"的心理之源。尽管资本家和建筑师，金融大亨和法老们的意愿并不完全一致，他们神秘的宗教情结却是殊途同归。

"大"亦是生活本身，空间也是。

曾几何时，庞大酒店的窗口对着这座城市最显要的中心……只不过在那个时候，汽车还不像现在这样多。大部分交通依然是人的运动。当人行道、单车路与汽车路处于相对平等的关系时，窗口俯瞰的依然堪称风景，建筑自己看上去也很巍峨神气。可是现在不同了，"大"的不是孤零零的上海大厦一幢楼。从地面高高架起的立交桥，更多横跨河流的真实的桥梁,动不动就绵延数里的景观工程,各色各样的"大"构成了一个新的更"大"的整体,城市立体的基础工程(infrastructure)。

在基础工程的阴影下,酒店体面的入口变成了某种形式的地下,随着"空中大堂"(sky lobby)的兴起,原来堂皇的大门如今沦落了。这还不算完,早先一水儿流过门前台阶下的车流,现在有了从和入口几乎垂直的角度蹿出来的可能。二三层……甚至更高高度上和高架路齐平的城市,是一个空中的城市广场,和原来那个神似,只不过旋转着的不是巴黎式样的星形广场旁的行人,而是车灯。它们以极快的速度驶过圆形切线的时候,有一瞬间,像是要直愣愣地扎进高楼的房间。花花绿绿的显示屏吸引着来车司机瞬时聚焦的眼光,这种危险是如此明显,以至于隔离斑块上还要额外立起一座牌子来提醒人们正确的方向。

在地面上,在高架桥的阴影里,偶然到来老旅馆传统入口的客人往往感到迷惑,只能仓促地在人行道上装卸他们的行李。在他们的面前,着镶金边制服,戴白手套的酒店门童会显得更加谦卑。

这样无限扩大,无限变化,无限复杂的城市建

筑意味着什么？荷兰建筑师库哈斯（Rem
Koolhaas）评论说，"大"的结果就是不受周边条件制
约的核心，是"形象"和"功能"的龃龉，"外表"和"内
里"的脱离。这种样式的"大"，并不一定会创造出
新的纪念碑或是徒然沉重的外表，而是超现实主义
者所喜爱谈论的"客观的机遇"（一个貌似自相矛盾
的表述），既是确在眼前，又如幻术般恍惚；因为过
于巨大，所以结构失效了，总体规划的理性对个别
元素间相互作用的控制也失效了，就像一张太大的
煎饼皮包不住里面的馅儿，或者像义乌庞大的小商
品市场的城管，永远不可能掌握他治下的出货情
况。一切原本都基于古典几何学的整一造型理论，
自上而下，清晰统一，结果，却有自发而难以预测的
多样性，自下而上，时而"混沌"。在东南亚度过童
年的荷兰人库哈斯，敏感地觉察到这恰恰是东方人
所擅长的一种巨构的原理——他估计没读过中国
的笔记小说：在长安，并没有多少一层以上的建筑，
但是唐人传奇中的杜子春，可以一次次把千万钱挥
霍得精光，顿感人生如梦，这也是某种意义的，甚至
是极致意义上的"大"。

　　这个意义上的"大"的样本，不光是东方人所爱

好的,甚至也可以在"非典型"的资本主义社会中都会找到。人们耳熟能详的勒·柯布西耶,倔强虚妄,却又九死不悔的瑞士人,现代主义建筑的"四大师"之一,他暮年规划、但最终没有建成的威尼斯医院便是。位于这座貌似的小城市的北缘,现在以威尼斯双年展闻名的军火库(Arsenal)地区,"柯布"壮志未酬的项目,和岛上各色微雕式的小品似乎并无关联,但它们同样标定了威尼斯独有的细节和整体,你会发现貌似不高大的建筑其实规模了得,也是一座"大城市"。

小和大的有机衔接,使得项目类型的逻辑共性超越了物理尺度的差异,点、线、面搁一块儿,也是单体房屋、门廊、通道、街衢、庭院、花园、小广场、套房……就像是城市演化理论的纷繁图解,但它们又是"同一座"建筑。威尼斯医院的重要性并不在局部的形态学,相反,大多数的单体建筑是近似和雷同的,远看,完全就显不出任何"风格"的痕迹。这些眼花缭乱地重复着的细胞所重构的,是威尼斯的城市道路和运河系统,庞大的构造肌体中,现出了灵活组合的内向空间,缤纷的自然穿透整体的人工,是西方现代主义都市发展中的异数。"小"和

"大"合而为一了。

　　威尼斯医院大吗？当一个人穿越它的时候，单个的建筑物往往是不起眼的，相对于本地丰盈的装饰细节而言，建筑的式样甚至有些简陋。威尼斯医院小吗？作为个体意志的产物，一整套建筑图纸的打包"设计"，它又是蔚为可观的，无头无尾，和过去那缓慢衍生出的城市组织截然不同。如此项目的性质，介于建筑和城市之间，既提示了单体结构又铺陈了基础设施，那正是埃莉森·史密森（Alison Smithson）加以阐发的"垫式"建筑（mat building），小体量建筑通过廊道互相编织组成的"垫子"，像苔藓类植物那样——相属，造就了永无止境地延续下去的古怪的巨型大块。它提示了城市中比单一"形象"更本质的复杂性，复杂性只能是复数意义上的，它也是"巨构"的现象学基础，那就是——（整体意义上的）变化。

　　巨型建筑通常是簇集在一起的，使得这些五光十色的碎片贴合一处又绝不混同的，不仅仅是高昂的地价，而是大都会生人喜欢的"拥堵的文化"（culture of congestion），是另一种级别的威尼斯的市场，同时是物质的容量和人情的容量。可是，在不同的文化中人们观察巨构的角度毕竟不同,不同的地方,在于人们在巨构中各自身处的位置,以及巨构面向传统城市的姿态——同样的金钱游戏,却各有各的玩法:威尼斯医院和本地的过去看上去毕竟还若有勾连,在临街的一面,芝加哥的摩天楼可以密致地组成"密歇根大道悬崖"(一个人们熟悉的风景的隐喻),高傲插云的"迪拜之塔"却拒绝它的邻居靠近,在荒漠中,后者不大像是市场经济的导航站,倒更像是阿拉伯传说中旅人孤独跋涉的通天塔。

巨构的结局将会是什么?它有助于我们理解为何人们对它既喜且惧。2012 年,飓风 Sandy 过去一周后,我偶然驱车经过纽约迤西新泽西州的帕萨克(Passaic)。往公路的那边望去,遥遥看到的是另一位史密森(Robert Smithson),生平短暂的大地艺术家的出生地:这里既是他的故乡,又是他作品灵感的来源,广袤的原野之中我们看到的不仅是一派天真的"自然",也是被工业化进程悄悄改造过的景观——J. B. 杰克逊(John Brinckerhoff Jackson)说,"景观是一种特意创造来加速或延缓自然进程的空间。像《伊利亚特》所说,景观再现了人身上所承担的'时间'的角色。"

　　这种"景观"并不是什么今天时髦的"景观设计",绝非给房地产商描金边的塑料自然,巨大的都市景观是值得说起的最后一种巨构。在布满工业管道、建筑废料、旧汽车场的高速公路旁,我看到的其实是既不能算作荒野也乏人味的文明弃地,一种自然和人工混交的产物。这种新的"如画"经验使史密森得出结论:"大地艺术的最佳场所是那些地方,这些地方被工业化、紧锣密鼓的都市进程,或是自然自身的巨变所侵扰"——在风尽凋零的这个时刻,想起他四十年前写下的这些段落尤为震撼。自然本身无所谓大小,但是如同吃了核废料的哥斯拉那般的景观,产生了自然本身不会有的庞大感,如史密森所说的那样,它们是"纪念碑式的废墟,被未来荒弃的回忆"。(《新泽西的拼贴纪念碑》)

　　——这又回到了那些古代的纪念碑,我们在本文开头曾经提到。

＊　　＊　　＊

　　作为一个小城市来的人,我十分敏感于"大",

它并不是我能预料,或者我能拒绝的东西。在纽约上班时,即使一趟车(出租、火车、地铁)不耽误,也要一个半小时的通勤时间,四十年前,从小城市的家走去小学却只需要不到五分钟。讽刺的是,不知不觉中,我的家乡和纽约的天际线也有了一定的相似之处。

1904 年,栖身在曼哈顿下城的美国作家亨利·詹姆斯(Henry James),已经见识了他那个世纪里喷薄而出的超级都市的威力,看到了旧文明和新生活嫁接在同一棵通天树上的奇景。怀着一种既喜且惧的心情,他把曼哈顿的钢铁丛林幻想成瑞士的山谷,混淆了"小"和"大",人工和自然:

> 繁复的摩天楼在观瞻中从水面拔地而起,像是已然密织的衬垫上夸张的针脚……新的地标无情地将旧的地标粉碎,就像暴戾的儿童践踏蜗牛和蠕虫……别样的摩天楼北向危悬于可怜的旧三一教堂之上,它南面的身姿是如此高拔和宽阔,就像阿尔卑斯的绝壁,那上面时时抛下雪崩,抛向葡匐于脚底的村落和村落的制高点。

　　在雪夜独处于类似的摩天大楼上,你不会仅仅有瑞士山谷的观感:以大观小,俯瞰城市历历如规划师眼中的平面;另一方面,知识和感性在此是深度脱离的:对在上面睥睨众生的人来说,下面的一切都不过是无敌窗景;然而,对在下面快速路上飞驰而过的人而言,你是孤立的、孤独的,不过是万千可以自由转换的频道中永远静止的一个。

一条蹊径

我住过北京西郊一座老式的居民楼。

那是上世纪六七十年代开始,中国城市里逐渐变得常见的"单元住宅",相比那旅馆房间一般两侧排开的筒子楼,也就是内外廊式的集体住宅,这样一梯两/三户的安排显然更有人性。1956年,有着一半法国血统的北京建筑设计研究院总建筑师华揽洪还悲观地认为,这样的住宅难以短时期内在中国普及,参考苏联专家的意见,当时的中国,需要至少三十到四十年左右的时间才能达到这个目标。其实没过多久,房地产的大旗一旦树立起来,就到处都是这种稀松无奇的居民小区了。很快,这幢楼变成了一般人心目中的"老破小"。

单元楼适当考虑了隐私问题,也许是稍嫌高标,它的布局问题显得没那么重要了。如同兵营一样单调的"行列式"楼群,大多排得整整齐齐,就算是家家南北通透,大家也是早晚"面面相觑"。如果说建筑安排略给人一点点差异感,就是居民们大多只能从楼的南面出入，其余三面，有两面通常写着楼的名称和号数，用的美术字体——这，是整幢住宅楼唯一有点形象设计的地方。剩下一面，事实上是楼的背面，尤其低层，各家的卫生间和卧室，因为和路人的视线过于接近，窗口通常挂着厚厚的窗帘。

从很小的时候开始，我就住在类似的大楼里，对这种"新房子"（相对更旧的前现代老宅的"新"）有过短暂的喜悦。这种状况下，新中国建筑学未曾明言的基本假设是：1. 国家的工业化转型需要最优化的社会效率，也就是依照当时最理想的家庭样式（三口或四口之家），建设尽可能多的二室户，以适应新社会中日益增长的工业人口的需求，因此，一家除了厨卫基本上只有两个窗户；2. 大规模的建设，需要最优化的建筑效率，因此满足最基本需求的那些居住面积（卧室为主体）优先考虑，在总建筑面积中，它们要有尽可能大的百分比，由建筑系数K控制，卧室一般朝向南北，厨卫放在北面。

这样的社区规划实用得拧不出一滴水来，它从来没有设想过，未来会有小汽车驶进楼与楼之间的路，更没有所谓城市开放性的界面。如同希区柯克的电影《后窗》那样,你所能觊觎的只有对面楼里人家的生活戏剧。眼界中,没有什么可以吸引你的实用或者幻想的目标,你要绕到楼后,才去吃饭,才取快递,才丢垃圾,才复印文件,才购买日用品。这些慢慢渗透到社区里的实用功能,其实是随机地出现在楼群底层乃至某个密室中的,不是什么贴心预设的"底商"。每一次出行你都是绕路,不好直奔目标,慢慢地,在这整齐又无法"顺道"的秩序里,人们变得不情愿多走一点点路,不愿意绕到离着楼还有些距离的主路上,反正一会还得要 90 度拐弯儿。每次,我的足迹都是尽可能地贴着楼身,久而久之,就在西南、西北处的楼角间,出现了一条蹊径。

我是这样,才注意到一幢建筑如何落进它最初挖掘的基坑。在国外有些地方,一座建筑,哪怕是在城市里,也可能存在不均衡的两面。比如,在英美城市都很常见的台地排屋(terrace housing),建一座房子的过程中,显出来了本来并不显著的地面的差异性:一侧的地面可能往下沉,将位于第一层(Ground Floor)之下,需要清理浮土,让基座和周边的关系更清晰。这个操作可能需要局部增益地形,但在建筑学意义上,是负向的"挖掘";另外一侧,为了让地面层楼板和城市地表齐平,工地的渣土填补了坑洼不平,对建筑而言,是正向的"累积"。

这两种手法在台地排屋中并峙时,意向可以完全不同——最主要的,是这些房子大多有地下室。就像纽约特有的"褐石屋"(Brownstone),当你转过街角,就会看到建筑其实不是昂然独立,是嵌入在地形中,负一层的洗衣房冒着热烘烘的肥皂粉味。在和地表相撞的地方,看出来建筑像一块埋藏在大地中的石头,部分剥落出完整的底面,土归土,石归石。

但在我们这幢房子,基础就是基础,和环境没有那么复杂的关系。尽管年代久远,它已是一幢现代化的建筑,一样需要挖掘基坑,才能确保稳固,但并没有地下室和深广的地台——也就是说,在你能看到的地方,房子的意义就戛然而止。建筑和土地交接,只有一道不算很讲究的散水平面,也就是20公分左右宽的水泥层,环绕着建筑的墙裙,某种室外的"踢脚线"。它真实的作用,是把雨洪导向它该去的地方,以利保护墙基。然而,它同时也造成了房子稳如泰山的假象,意义如同太和殿下面的汉白玉台基。这个微乎其微的"底座",呼应着建筑的墙裙,掩盖了住宅下面可观的深度,仿佛这些房子都是积木一样,随便落在地面上就好。

紧挨着就是几丛小树和灌木,在西南楼角处。最早的时候,这种小区都谈不上有什么"景观设计",可以想象,楼角出现的这些植物,和规划没有什么必然的关系,不是蓄意做出来的。可能,它们是野生的树,最初长得都不大精神,打个不太恰当的比喻,就像一个姿色平平的女子,鬓边也会别着一只俗气的塑料发卡。但是时间长了,缺乏照料的泥地上,它们居然长成了茂密的一团,互相扶持。我日常走的这条小径,正是从它们中间穿过的:枝叶在上方兀自生长,下面却被生生踩出了一条路,原本无差别的地上,紧挨着建筑,割出了显著的一片空白。

那绝不是我一个人的功劳。在无数个平凡的日子里,不知有多少人从这里走过,想必,他们和我一样,为了省事,或者为了逃避某种选择。除了能比走外边的大路快一点(至少少一半的路程),在难免泥泞的雨雪天气,那条 20 公分左右的窄窄的水泥"通道",也构成了某种让人安心的诱惑——你出了门,但是并没有离开家。

但真的紧贴着墙走上这条窄路去,需要马戏演员般的平衡技巧,水泥"通道",比地面稍稍高出,除了少许苔痕,被雨水冲刷得干干净净,仿佛在说着,过来,这里也是可以走的,不沾鞋。受到诱惑的人试着一只脚迈出去,踩在那上面,另外一只脚交替着,努力同样踩在水泥散水上,摇摇晃晃,好似模特儿走的"猫步"。大多数人,没走几步就坚持不了了,于是就把20公分旁边的土地践踏得寸草不生。

北方下雨天毕竟是少数。踩着步点,连蹦带跳地穿过这条便道,就为了脚不沾泥的也是少数。楼角的这里富有魅力,一定还是因为别的什么原因。不说别的,就是蹊径上面覆盖的人头高的绿荫,就显得很是特别。它形成了一半拱廊式的空间入口,有些高深莫测,容易让人猜想,这后面到底会有些什么? 这不仅是个短暂的驻留点,而是好像导向什么神秘的去处,尤其是导向哲学家爱做的"林中小路"的抉择——当然,这实际上是个幻觉,你走进去,转到了楼角的另一侧,就会发现这就是条便道。它是完全的室外,这里并没有什么秘密,就连个垃圾回收点都没有。

西南、西北楼角之间的大楼侧面没有窗户(这种住宅没有三室户，前面说了，最早的单元住宅，优先考虑一家三口，而不是四世同堂，因此，就是把角的户型，也不会有东西面带明窗的、相对更大的客厅）。在纽约，立面狭窄的大楼都只有朝街的一面讲究，我的楼更不会在乎什么"侧面"，那里只是裸露的红砖。在三、四层楼的高度，有一个大大的"13号楼"的数字，白底，红色。

　　不知多少人中过招儿。他们抱怨，在迷宫般的小区里和主人打了无数轮电话，费力地确认着"13号楼"的数字到底在哪里。除了四单元楼下湖南人开的复印店（后面将会讲到），这是这幢楼和别的楼唯一可能的区别。悲剧的是，你不到楼下，根本不会有机会看到这个数字，从并不是按规律排列的数字变化中，你也没办法猜中，按排序"13号楼"到底是在"1号楼"的西边，还是在"3号楼"的旁边，还是在"10号楼"不远的地方？10号楼是一幢相对特别的楼，与其他楼式样基本相同，但是，外表显然修缮得更为体面，据说住着某领导。初次看到这个数字的人往往欣喜若狂，天真地认为再往下走两栋楼就能看到"13号楼"。

　　情况显然不是这样，"10"和别的数字并不连续。

（很多在楼下玩耍的小孩猜测，大院里还有一座真正的"10号楼"，他们时常争论不休，我们看到的那座特殊的楼，到底是"10"还是"1"和字母"O"？）

作为一名建筑师，我当然知道，造成这种状况的并不是什么特别新奇的原因，就像在楼角踩出一条便道，不可能为了什么高大上的原因。横平竖直的马路，横平竖直的布置……就连垃圾桶和冬青树丛排布的规律，也都是横平竖直的。在小区里找出特殊性不难，难的是从这种特殊性里挖掘出来什么意义。一千条因为偶然走出的蹊径，只有一条，才是因为普遍又冠冕堂皇的人性……

其实，假如来访者可以从所有居民大楼的后面接近这个小区，他可能会看到更多他期待看到的东西，也就是说，不要从更正经的大门进来，直奔每栋楼面南的"正面"而去。要从小区的后门进来，他看到的会是小区的"背面"，一切特征都会清晰很多。很大程度上，是因为这种早期单元楼的设计，它节省下了楼梯空间的面积，南面，单元入口一进门就是楼梯了，不用楼梯的一楼住户，直接开门在北边，每个家庭厨卫的开窗也在这一侧。虽然是在背阴面楼影里,食物的香气和洗澡水的味儿,时常从这里飘逸出来,给这阳光少的一面添了很多生气。很多入不了工商法眼的外来小贩,看中了这种特点,租下了一些一楼的闲房做生意,加入了这不大成文的生活的合唱。

这样做当然是不大合法的。前面说过,这里并没有严格意义的"底商"。但是,南面已经挂满了汗衫裤衩,属于私人生活范围了。北面就让它"公共"一点吧!

不像后来改良的此类单元住房,一楼的住户出入方向有所不同,他们占据了整个北面的社区界面。租下他们房子的小贩,显然理解如何把这种特点转化为真正的需求。绕过楼角,我正是往北,是去吃饭、去取快递、去丢垃圾、去复印文件、去购买日用品……的,因此,久而久之,这里就出现了各种各样的快餐、快递点、物资回收或者维修、零售日用品……的服务,它们也许不那么正规,但是可以让你更加方便地达到目的。有时候,甚至是贴着大楼本身,转到另一面去就能办到。这其实也解释了那么多切过楼角的便道存在的必要。

为什么不能就在居民楼的前面,比如,就在单元楼的入口提供这种服务呢？答案，当然首先是最初的设计师从没有考虑过这种可能。但是，即使是建成这些建筑的几十年后，社区不同面向的差异也没有彻底消失。朝着南面的入口不仅正式，朝阳，还因为社区（生活区）附属于单位（工作区），后者也是在这个方向。如今的人们，也许也不太讲究"工作区""生活区"之类的区分了，两者之间的边界并不那么清晰，但是，上班的人、全国各地到这出差的人、学生……最好还是不要看见生活太过生活的一面。就在我住进去的两年以后，社区帮助封上了最后几户没有封装的南边阳台，并且，特意把和工作区接界的那幢楼的立面修葺一新。

社区北边存在的"公共"界面只能打一个引号。它实际是小区人们自己认可的一道灰色的风景，不是官方喜欢的那种"公共"。一个不小心误入歧途的学生或是外来户若是转到这一面，它的五光十色一定会让他/她大吃一惊。首先，是密密麻麻的小广告全都贴到了这一面：教吉他的、美术考前班的、配钥匙的、培训社交礼仪的、提供盲人按摩的……比吃饱喝足的日常需要更进一步。熟悉这种情况的人知道，这些小广告里藏着这些楼群里真正的生活。它们就像一道道开关,从中你打开了另一个世界的大门。

最特殊的是一道布告栏。后面是社区预留的平房仓库,不能随便开门开窗,也不能随便租赁的那一种。不知什么时候,它居然形成了一条小吃街,没有正规手续,和布告栏挨得近了,不免太过阴暗,比起楼角那条水泥路也宽不了哪去。可是,一到深夜,这里就开始热闹起来:灯光亮了,小道也不再阴暗,有烤串的、东北烤冷面的、花色煎饼的、比正规日料店卖的寿司品种还多的……在查禁和反弹的变奏里,这里可能是太过嚣张了,一次各部门联合的暴风行动,让布告栏后面又回到了原状。

这里有真正的空间的"开关"。

隔了很久我又走到那里,一切都消失了,布告栏上都是些过期的广告,只剩下一张贵州牛肉粉的价格表,A4 纸打印,日晒雨淋的,在冷风里飘起一角,好像已经贴在那里很久。我正在纳闷,现在哪里还可以买到这样的牛肉粉。忽然,面前层层叠叠的废纸上,布告栏的一部分突然神奇地打开了,废纸后面出现了一个洞口,还有一双警惕的眼睛。

"你要哪种牛肉粉?"

　　天哪,世界上可能有一万种这样的布告栏,但是,却只有这一个,可以真的从字里行间端出一碗牛肉粉。

　　楼的正面依然正经。就算是白天,隔着反光的阳台玻璃,路人也看不清里面晾晒的内衣。当然,也很少有人注意楼角后隐藏的那些秘密;而且,还是因为早期建筑设定的限制,这里并没有像类似的社区一样,在南侧为一楼的住户设置花园,为住户增加可以种菜养花的面积,为走过的路人增添可以窥视的风景。也许,这里的生活本身就是花园。

　　楼的南面到大路只有一段很窄的距离。为了保护隐私,在本来应该是花园的地方,增添了一道铁栅栏,挤掉了一部分人行道的面积,它只是拦住路人,不至于太过靠近一楼南面的卧室窗户——当然,这额外的凸起,也给我们拐过楼角增添了难度。不过,后来住户还是嫌路边太吵,索性搬走了,北面的卧室租给课外辅导班,就连这个不到 2 米的户外空间,也租给了湖南某个县城的人,据说,全国各地的复印/打印生意,有一大半都是他们这个县城的人在经营。

　　单位周边,有非常多的来复印/打印的人,毕业论文,竞标方案……这是办公区那边的人们也喜欢的服务,其中,不乏可能改变这个小区命运的建筑提案呢。这个挤在住宅楼和公共街道间的小门面,只是有了一个简易的顶盖,都不曾大动干戈装修过,只是利用了墙角既有的墙面,地面,就干了城市里的专门店不曾干的事情。他们甚至提供护照照片拍摄,附带 PS 修图,社区物品暂存……在这,你可以看到为着同一目标奋斗的不同人群,比在他们的班级和公司看到的都更整齐。湖南人不缺生意,租金不是问题,人们只是好奇,他们不止一台的复印机,怎么才能挤在那两个人并肩都嫌窄的空间里?

　　湖南的朋友自有他们的办法,他们并不在乎自己的存在只是暂时,经常搬上一把塑料椅子,就坐在复印店的外面,指挥着店里唯一能站得住脚的伙计。在没有城管的日子里,天气又还好,他们尽可以把复印机装上轮子,推到人行道上甚至是大马路上,大不了再推回到那个简易的空间里。它拖着长长的电线,从容地一张张吐出复印好的白纸,黑白的,彩色的……甚至还有大幅的活动海报和横幅。这天才的安排,不仅秒杀了大多数建筑设计师的想象力，比起能够直接出品牛肉粉的广告栏也毫不逊色。

这些热闹和身后安静的社区似乎没有任何关系。你不难想到，在楼内家家户户的秘密，其实比电影《后窗》中的还要精彩。但是，不同楼群之间，并没有一个安然对视彼此的视角，靠近大楼行走的人，也并不就更熟悉楼里发生的事情，现代建筑没有突出的屋檐，即使想要偷听的人（eavesdropper）也是无从容身的。像我这样绕着大楼走的人，只是习惯性地这么做，不能有什么更"深"层次的理由。一种人只是利用这些建筑，另外一种人则无可救药地依赖自己栖身的建筑，总有一种磁力，把他们拉近自己睡眠的地方，即使出个五分钟的门，也只是从楼的一面到另一面——其实是绕着很大的圈子。

在风雨交作的天气，绕过楼角抄近道的，就变得更加尴尬了。年久失修的水管从某个破洞里喷射出来，雨水从意想不到的角度溅到你的头上身上，更不用说高空坠物的危险让人提心吊胆。除了头顶上，脚下也是万万要提防的。因为这条便道实在是太狭窄了，双脚不可能都一直踏在实地上，你晃晃悠悠地，像踩高跷一样走过去。水泥和泥地交接的地方,总是有很多看不见的陷阱,早晚,你要偏离你的这幢楼 20 公分延长面的荫庇。

草地看着湿淋淋的,还算是结实,饱吸了雨水的土壤却是松软的,比别的地方松软许多。你一脚踩过去,感到微微的下陷,顿感大事不好,但又不清楚这一下后果究竟有多严重。慌乱中,你的身体失去了平衡,于是,一个脏鞋印子清楚地印在白净的墙裙上面。

在那上面,沾着一张湿淋淋的 A4 大小的纸,是被风刮来的:

"下水道是城市的良心。"

一间小屋

一个人一生中在一间小屋里独处过吗？除了犯事坐牢关禁闭，或是住进天山脚下护林人的木棚，一般人很难有这样的经历。就算是住进旅馆单人间，你依然是隔着层板壁和别人共处的，打开门便是闹哄哄的人群，这便是建筑和城市基本的社会属性。

　　作为一个社会人你很难真的孤独。现实是你承受了喧嚣的后果，却未享受到多少"公共"的好处，躲进室内是剩下的妥协方案。在《装饰的功能》一书中，法西德·穆萨维(Farshid Moussavi)准确地看到，"当代建筑师已经日益将自身的任务专注于建筑的外壳，室内的任务则扔给了室内设计师"。

　　在一篇谈叙事的小文中，卡尔维诺谈到过一个有关室内之人窥见马的比喻，也许他说的，就是我们爱说的"白驹过隙"——取决于有什么样的"门"。时间之马的比喻中，建筑的全部意义就是由内往外看的某种样式：一间大小有限的小屋，也是关于一个生动的时刻,往外看,只是,不一定是那种美景入户的落地窗。相反,这一幕具有一种即刻被把握的深度,是一个更加深邃,但是极其有限的人和世界的接口。经由它看到的一切都是片段了,不像自然形成的风景有不规则的边际,刻意营造的建筑框架刀削斧凿般的简洁,排除了自身确立的形象,而把外部带来的戏剧推向你的眼睛——因为这里和街坊活跃的方向互相垂直,人们永远无法预期视野尽头会上演什么,接下来的情节又该如何发展。它是那种宽银幕彻头彻尾的反面,是无穷连续但极简的电视剧集。

与狭小窗口垂直的生活,只是白驹过隙般地闪过,故事刚刚开始就已结束。

一天大部分时间里,一个人其实是身处室内的,窗户——人和世界的接口,曾经在建筑学中占据了非同小可的地位,但是日益成熟的建筑密封技术慢慢排除了窗户的意义,你现在只有非此即彼的选择。比如电影院、博物馆这类建筑,不管它的外表多么鲜丽,内部干脆是间黑屋子。当建筑(室内公共空间)和城市(室外公共空间)从视觉和心理上都割裂开的时候,城市可观的一部分就变成了纯粹意义上的飞地，于是我们有了万千间小屋，都会人最后的选择其实是"一起孤独"，那并非真的远离城市，只是在黑暗中倾听它的喧嚣。这样的城市陷于蒙昧、琐屑和孤立之中。

毫无疑问，作为一个事实上的集合，"室内的城市"是城市的绝大部分。如果说室外的城市首先归结于眼睛，"室内的城市"则是身体可以感受到的类型，它们是整体把握的城市和片段的城市的区别，个体之和不见得逊于整体。大部分人熟悉的从外面看到的城市，是"图像＋建筑"，产生了抽象的、非物质化的身体，这种身体至多有一张姣好的面孔，纷繁的文身和刺青看上去让人眼花缭乱，却远不如里面发生的事更重要——可不是，相比起医院的其他科目，皮肤科，至多加上五官科，只是医院建制里相对不那么重要的一部分。

我们很少讨论一"间"小屋，这些理论上的和事实上的房间，早已不大可能脱离外面独立存在，就像人的内脏器官无法裸露在外。这个题目，是从反城市意味浓浓的独立式住宅开始的，在乌托邦式的幻想中，小屋得到了拯救："一间"升级成了"一栋"，四周什么都不靠，只面对大海春暖花开。在热衷于建造独立住宅的现代建筑师这里，我们隐隐约约摸索到了当代建筑学的个人之根。就像美国大城市的反面是它的乡村出身，豪华的鸽子笼里蜗居的人，至今惦念的还是小镇上的姑娘。这些东西是矛盾的，貌似不能并存却又对称存在。

比如芝加哥市，弗兰克·L.莱特（Frank Lloyd Wright）大名鼎鼎的橡树公园工作室，是干活的地方也是生活场所，有点旧贵族情怀的莱特在这里养了六个孩子，晚些时候，他以类似的家庭哲学建起了更大的"塔里埃森"（Taliesin）。又比如菲利普·约翰逊（Philip Johnson），纽约现代美术馆迄今最知名的建筑策展人，也是操弄建筑名利场的大佬，在康涅迪格州的新迦南（New Canaan）也有一幢时髦的独立住宅（昵称"玻璃房子"），表面看起来，房子近似他的导师，密斯·凡·德罗（Ludwig Mies van der Rohe）的范斯沃斯住宅（Farnsworth House），比莱特的大家庭更接近我们的主题。

对，"玻璃房子"确实是"一间"，不是"一幢"，不存在几室几厅的问题，而且空间中几无遮蔽。

不像小画家也可以有"自画像"，只有大腕儿建筑师，才有能力经营一个特别的世界，属于，而且仅仅属于自己。虽然玻璃房子只是一间,但是,约翰逊在此的"别业"范围可是要比玻璃房子大得多,他的"独栋"还得算上外面大得多的庄园。

1

之所以要更强调一"间"小屋,而不是一"栋"小屋,在于它更可能是一种社会学或是房地产经济学的定义,是城市,不是不现实的文人建筑学。假如"一间"真的存在,它可能像欧美租房中常有的studio(中文有时叫作"开间"),但里面都不一定要有独立的卫生间和厨房。1. 小屋再小,毕竟是一个"家",是真正允许"个人"露出原形的地方,不需要再逢场作戏。2. 小屋常常依附于某种巨构,恰恰是因为后者的规模,上述的小屋才有可能,因为它不用再费力让自己什么都具备。如此,在那薄薄的一层板壁后面,那个孤独旋转的小小世界才能独立存在。

现代社会早已破坏了大部分家庭化(domestic)的构造。正因如此,那些哪怕暧昧地暗示着传统价值的现代小屋才值得重视。真正建成过一间合格小屋的,是和莱特、密斯、格罗皮乌斯同为现代主义建筑四大师的勒·柯布西耶("柯布")。虽然一辈子都在为各种各样的建筑和城市项目而奔走,柯布为自己设计的(不是为了摄影记者的镜头的)容身处却好像只有这么一处,在他晚年时常居住的法国南部的马丁角(Cap Martin)。小屋是在他从朋友家迁出以后的事了。看起来,这是他在度假地的权宜之计(但是,最终他却死在一次在此地的海泳之中,小屋因此是他的归宿),因为各种各样手续的麻烦,他决定将这间小屋"寄生"在朋友的餐馆旁,借用了它的一堵墙,都谈不上是一座独立的房子。

小屋虽小,比起柯布在巴黎的家,它更鲜明地体现了他简脱的建造哲学,一切都极其"基本":基本的工作条件(有个小桌板),基本的起居条件(刚够收拾自己),其中连淋浴都没有,夫妻俩在小屋中要各睡各的床,他的妻子抱怨说,她的头都快挨着马桶了……

这是一座特别简易的"自宅",无关太多"设计"。有意思的,首先正是小屋依附于周遭环境的状态,使我们联想起《圣经》中小屋的故事,那也是某一种"寄居"——"人生忽如寄"(汉代佚名,《驱车上东门》)。也许,一生作品无数的建筑大师柯布反而青睐这种消泯自我的"寄居",也许通过这种方式,他意识到了卑微的建筑形式也可能有其重大的文化意义。《旧约·列王纪下》讲述了以利沙是个"大有信心"的高贵人。当他连日为主四处奔波的时候,借了神的怜悯和指引,书念地方的妇人和她的丈夫商议为以利沙"……在墙上盖一间小楼,在其中安放床榻,桌子,椅子,灯台,他来到我们这里,就可以住在其间"(《列王纪下》4:10)。以利沙如此感念书念的妇人为他建起的这间小屋,以至于他冒昧地冒着被主怪罪的风险,为多年不孕的妇人祈求一子。

　　玄学诗人威廉·布莱克,将"在墙上盖一间小楼"解释为借了房间里的后墙立起的一个"神龛",就像被丢勒等人反复描绘的圣杰罗姆(St. Jerome)的书房一样。其实布莱克的猜想是有问题的:小屋真的是书念妇人家中空间的自然延展吗? 布莱克忽略了《圣经》中提到的"床榻",以至于以利沙奇怪地住进了他主人的家里——解经者猜测,寄居者和主人家之间这种奇怪的关系,可能和近东地区的住宅样式有关，如此，两者才可以有关，但不相扰，朴素的小屋和寄主之间，也许只隔着薄薄的一堵墙，但其实他们是偶然撞在一起，彼此毫不相关的，就和两个住进现代旅馆的人那般。

以现代营造的视角，柯布倚着朋友餐馆建起的假日小屋只算是一间临时棚屋；很可能，书念地方"墙上的"小屋也是如此的一种"加建"，借用了主人家中的一堵墙而已，它有它自己袖珍但齐整的功能，好让灵修之所和主人的家居各行其是。但是，小屋中全部的"床榻、桌子、椅子、灯台"，提醒着我们事实可能没那么简单。你邀请朋友到你家居住的时候，会允许他自带这些东西吗？你简单布置的"客房"，是把你邀请来的朋友确实当成了客人，他要么不小心侵入了你的隐私，要么对你提供的一切倍感拘束——现在越来越少的人会把朋友带回家里，对彼此越来越生分的现代人而言，酒店更能两全其美。

柯布的选择可能导向少见的中间选项。它确实"借用"着周围环境的一部分，但又是独立的小屋，和环境共荣，它依赖古代人对于世界不同的看法，更接近书念妇人家的观念，这和大部分非此即彼的城市设计原则都有所不同。我们以为,公私之间,往往只有薄薄的区隔,刚刚跨出酒店房间的大门,你已经置身于让人不舒服的陌生所在了。可是我们要知道,即使是公共建筑,"公共"也不见得不是个熟人圈子;反过来说,即便私密,"隔音效果"没准并不怎么样。

　　小屋本身不难设计,但如何——同时,在里面和在外面——在公私之间增加更多的层次,让小屋更合乎真正的人性?

　　首先涉及小屋需要保留什么才算"基本"。乍看起来,这只像是客房设施是否齐备的问题,比如多几本客人想看的本地文化的书,或是免费赠送几小包茶点,再配上客人不能带走的茶具。但是我们说的比这要更加重要,在一间每每声称"宾至如归"的旅馆房间里,好像总有一些异样的东西,它牵涉到建筑何以让"人在大地上栖居"——寡淡的现代主义建筑,借口"少就是多",室内设计试图用细节予以补偿,但是从"不再匮乏"到"稍嫌多余"的分界线在哪里? 大多时候,可怜的小屋里的花哨贴纸是用来掩盖意义本身的穷乏的。"异物",从各种过于豪华、冰冷而且反光的材质,刺目泛滥的灯光,到千篇一律的直线条和棱角到繁复的装饰图案,到不合时宜地出现的招待和保姆。它掩盖不了的疑惑是,小屋真的是一座独立完足的小屋,还是它不过就是一间普通的,连房门都不能随便打开的房间?

其实,房间就是房间,它实在太小、太矮,大放不下两张床,高不过篮球筐的尺度,不值得再添加太多的东西了;其次,将如此困顿的陋室改造成光鲜的总统套房不是绝不可能,但是终归是一种假象。这不大像是一个理想中的永恒之"家",来来往往将其视为投资的人们也并不真的爱惜它。踏进"毛坯房"有助于你看到现代建筑的真相:先前一切或华美或庸俗的装修都破碎残缺了,廉价塑钢窗扇间积着厚厚的尘土,卫生间昏暗的灯光下开裂的吊顶滴着铁锈色的水……

——但是一切至少是如此丑陋的真实。

2

每次站在灰尘扑面的施工现场,我无法回避思考"室内"对人最直接的价值。一种是误差微乎其微本质上无比"清洁"的判断,只存在于设计师的电脑屏幕上;另一种本质是放弃这种判断,被现实"污染"浑然不觉。也许后者,才正是中国城市让人"亲切"的污水横流的现实。

隔着屏幕为别人盖房子,你不会觉得有哪碍眼,假如是日式的清水混凝土,甚至有可能细腻到像某种让人想要咬上一口的糕点。但是一回到自己的小窝,就算是洁白锃亮的水磨石地面,因为和"原生态"反差太大,容易有"脏"的顾忌了。人的生活有一个周而复始的历程,从一尘不染到油腻而朽败从头再来;一旦被拆毁的室内,更仿佛一个变乱中的都市巷战射击点,收拾停当了,慢慢又变成了"叙利亚风""侘寂":残存的墙面部件,不再显破旧,反倒有了美学意味;还有前人曾当作宝贝捧回来,搬走时又当垃圾扔在那里的旧家具、老饰品,在新主人手里,摇身再变新空间秩序的装点。

一切只能使人意识到"装修"的虚无——它们和建构本来的血脉无关,你改变语境,它们就变得和你的感受有关或无关。

原来,"装修"存在的全部价值就是造成一种一体性(monolithic)的幻觉,似乎这样生造出来的室

内,就可以彻底脱离那个恶劣的外面世界的压迫
了。就像一个带着降噪耳机又闭上眼睛的人,装作
对身边的纷扰一无所知,他听到的东西,也可能就
包括世界本来的音响。

哪些算是俗气的装修,哪些又是"天然去修饰"
呢?现代设计中一直流淌着清教徒式的文化,比如
昂格斯(Oswald Mathias Ungers)的文字还是蛮微
细丰富的,但是他的设计简直是家徒四壁。这种文
化如何影响对物性,乃至结构设计的判断?建筑的
"本体"并不是个确凿无疑的物理学概念,它和人的
生活注定是相关的。首先它取决于建筑设计和建
筑使用的界限,也就是变和不变的分界线——有意
思的是,你无法在英文中找到直接对应着"装修"的
说法,相反,在他们的表述中,建筑只是在适当的地
方"停止"(finish)了。建筑的生命过程到此趋于停
滞,但它并没有"死亡",接下来的生命是人多彩的
生活所赋予的,所以好的室内设计并不是帮建筑师
掩饰他的错误,改变他的意向,而是在同一个方向
上赋予了时间的向度,留下了继续发展和变动的
余地。

但与此同时,哪怕是墙壁上抹了灰底又大片脱

落的彩画,任何物理的存在都不是轻易能够抹去的,也不容易和它们附着的本体相区别,这便涌现了大量的关于室内的"表—里"关系的争论。除了那些拙劣的画蛇添足的事后"装修",的确也还存在"本体"与"装饰"难分彼此的状况,理论家经常争论:什么才是"坦诚""自然"的材质使用方式? 比如,我们所说的"天然木质",也有可能是作为手法上"不自然"的外加镶板使用的——难道一幢建筑一定要是木结构的,它木质的室内才能显得整体和"自然"吗? 难道一个家非得里里外外都属于自己,像富甲一方的约翰逊那样,完善的"装修"才不至于成为一种自欺欺人的假象吗?

据说,史蒂夫·乔布斯在他的屋子里只放置了一盏落地灯。我虽向往这种"本来无一物"的禅意境界,却无法如此极端,因为除了"灯台"之外,我至少还需要"床榻、桌子、椅子"甚至"凳子、柜子、橱子",才能满足基本生活的需求。问题是如何让"……子"们成为同一棵树上的果实? 更绕口的一个悖论:什么才是室内的"必需"? 哪些是不可否认的起点,哪些又是不可或缺的添加物? 假如为了消灭"多"的印象而刻意营造出的"少",是不是反而是另一种"多"？

在那个中国尚与外界隔膜的少年时代，我曾经惊诧于一个外国留学生朋友的家庭"装修"，在小城里显得惊世骇俗。他的整个房间里几乎没有任何陈设。除了把床垫直接丢在地板上，他也并没有任何用于收纳和隐匿的柜子，只有很精致清洁的地板，所有什物都一堆一堆地堆放在上面：一堆信件，一堆文具，一堆衣物，一堆书籍，他在地上爬来爬去寻找他一堆堆的日常生活……由此，也是一个寄居者的他创造了一种绝妙的室内设计，为一般的"行家"所不及。

当然，他的房间够大，东西也够简洁，而且每一件都是有品质的，因此虽然简单却并不显脏乱和鄙陋。这种回归"零度"的家居生活给我留下了不可磨灭的印象：喜欢地毯和地板的西方人似乎不嫌脏，总爱一屁股坐在上面，省掉了"桌子、椅子"。

回想起来，这不就是唐宋以前中国人席地坐卧的传统吗？床榻才是一间小屋的中心，或说"基础"，从床上坐起，遂成就了"道貌岸然"的白天的生活。

床榻如果和地板成为同一个表面，那么屋子里就可能不再有任何多余的"高台"了,建筑也就维持了自己的"空",真正像建筑的"室内之初":一个原始人的洞穴。进一步地,横板支撑的书柜嵌在整面墙里,衣服挂在木线构成的网格之间,这样只有被分割的空间,没有被隐藏的地面。少年时羡慕的那间外国朋友的小屋,只要把他的地板转90度,立起来成了四面墙壁,也就省掉了"柜子"和"橱子"。这样的小屋,不该有服务间和起居室的区别,在厨房卫浴和房/厅之间并没有必要分隔,要不是偶然还是有客来访,厕所的门也可以拆掉,这样就有真正有了一间散放各色物件的空房子……

看来,我真正喜欢的是柯布"一间"小屋的概念嫁接上乔布斯的禅意,尽管这样可能显得有些自我矛盾——用乔布斯本人的夸张方式说,"简单要比复杂更复杂"。柯布在马丁角的小屋并不是真正的房子,更没有丝毫的"装修"——它恐怕比他大力鼓吹的"居住的机器"更极端,在他去世前十年设计的这个不起眼的小空间没有值得夸赞的室外,只有最基本(essential)的建筑内部和人的关系,功能,尺度,空间分割。值得强调的是马丁角小屋的"基本"和我向往的"空"是不一样的,和以利沙所期求的有灵光的栖身之所恐怕也不同,书念小屋是靠神赐给的烛台照亮的,而柯布的上帝就是他自己(两年后,晚年的柯布设计了他"再出发"的作品:朗香教堂),因此,竭尽所能地,而且是在平面和立面两个方向上,地中海边山坡上的这个小空间表达了各种不同尺度的变奏:工作台,桌面,衣柜,不同的床榻……它不是要抹杀差别,而是要突出秩序强势的存在。

　　一点也不意外,包括马丁角小屋在内的大师"自宅",它们并不让我这样的人本能地感到舒适。

3

　　"内"和"外"的不同变奏果然渗透着文化的原汁……我不是试图从差异中提取出香精,而是细细咀嚼着这里面的苦味。在小屋里,为何我喜欢放弃"装修一新"的挑战,而回到一种似乎"放任"的状态之中呢?深入我血液的"空",并不是"没有"。相反,我们并非落寞地独坐,而是和广大的人群(通过遗留在小屋里共同的事物,仅仅隔着薄薄的板壁)比邻而居。

　　表面上,现代人喜欢简洁和抽象的空间,如同在有祭坛和圣殿的时代,众神喜欢居住在棱嶒的巨石山上一样。我们往往笼统地把"中国建筑""中国住宅"当成无始无终的风格或类型,是一项(居住)功能,而不是一间具体的屋子。我们容易忽视的是,就在不久以前,大多数人还没有独立的"居住"可言,脱离了这个前提谈住宅的设计就很难有什么共识。物质世界总是充溢着难以胜数的名目和花色,如同纷繁冗杂的《清明上河图》一样,它们是大量重复和扁平的,并没有太多使人击节赞叹的深度,大多数人的居住,一定是和如此"现代"的状况紧密联系在一起的,"现代"既是一种技术标准,也是变化了的社会境地,由内而外。

　　在古代罗马,以及它的一些繁荣城市,比如奥斯提亚(Ostia),已经兴起了许多高层公寓建筑,从外观到内里,这些公寓都已经非常接近现代伦敦、巴黎的。困守在其中的一间小屋的租住者有了近似的"室内生活",尽管"顶层生活"在那时要相对昂贵,其中的生活质量也远远不能和罗马本地贵族的庄园相提并论,但是和今天纽约、北京的普通人所能付得起的一样,罗马标准的花园公寓(Case a

Giardino)已经是普通人在大城市中真正的身家(domesticity)所系。从最初的满足基本生活需求的福利居住,到今天把一生积蓄投注在这小小的房间内,"安居"的中国人,直到最近也形成了他们对膨胀了的"身家"的依赖,形制缩水,意义相同。如同本雅明所说的那样,19 世纪的欧洲人,也是如此走进了商品社会为他们设定的现代性的避难所的——它既是新的囚笼又是心灵的栖居之处。

"二战"以后,世界各国普遍开始重视为普通人的住宅设计,适逢中国也开始确立西方标准的住宅规范,1949 年之后的中国就这样与"现代"不期而遇了。与西方不同的是,英美各国福利住房建设面积的大规模上涨,换来的是他们眼中居住标准的降低,而对从无到有的中国而言,"现代"的住宅从一开始就显得光彩熠熠。早在六十年前,清华大学的两位建筑学生蒋维泓、金志强就看到:"社会主义建筑的新形式应该和古代有着很大差异,这是由于古代的建筑是手工业或是手工艺的产品,而社会主义所提供的新技术新材料使得建筑成为与大工业相联系的现代化生产……这时,建筑的性质改变了,人们对自然控制力的巨大改变以及公有制的建立,

建筑就有可能首先为了人民的生活服务……"（"我们要现代建筑"，《建筑学报》，1956 年第 6 期）

　　就像单身的和成长初期的人，人们并未因有了这间基本的房子就真正安居，对新的室内主题的关注，甚至比以前还要热烈：雪夜、雨天、冷冽、霉热、干涩、黏湿、市井喧哗、雷声隆隆……在这样多表情的自然里生生隔离出来的人造环境，不是带着古怪冰凉的古龙水味儿，使人想入非非，就是很快物满为患。由于不甚精细的结构，也由于无处不在的误差，以至于质量扭转了数量，迷宫变成了迷局。

　　普斯蒂格里奥内（Gennaro Postiglione）准确地指出，大腕儿建筑师的"自宅"并不是纯然的私人领域，一方面，为自己建造的住宅具备更高的流通价值，一方面它也不免将外界的眼光招惹进来——要知道，有些文化本来就并不存在截然的公私领域的区分；在现代，那些自我意识高扬的强人建筑师，甚至是主动"邀请"了他者的审视，把自己家也做成一件公共作品。太平洋战争期间，交战国的建筑大师弗兰克·莱特，并无顾忌地在自传中表达了他对日本人居住方式的喜爱："我终于可以在这个世界上找到一个国家有着无与伦比的单纯和自然了。这些日本家庭的地板是设计来生活的——睡觉,跪着吃饭,在柔软的垫子上跪着冥想,在上面吹笛或是做爱。"1943 年,莱特仍在盛赞日本住宅的灵活和多用,不求雕饰和"它们所采用的简单材质之美";不过,莱特所青睐的"日本"特质此时早已混入了清晰可辨的西方影响。审视和自我审视,令得当代的建筑师之家既是生活的场所,又灌注了使人焦虑和紧张的刻意。

偶然一瞥,从两扇相对的门户间闪现出了各种"镜子",各式各样的长方形:屏风、"花板"、"门翼"、装饰画、橱柜、推拉门、木镶板、使人错乱的背景灯、堂皇虚荣的"中堂"……他们不再是有确定意义的建筑构件,而是构成无穷往复画面的"景框"。相似图形不停地面对面复制,带来了镜中和境外的迷惑,虽然不复传统,却闪现传统建筑心理空间赖以成形的某种玄机。过去的"重屏画"分明也是这样的游戏,只不过画是经意的,而此境只能是偶然撞见。人进人出,这幻景被撞破又复合,让人忽有心会。

回到自己的屋子里,而不是置身于电影化的乔装打扮的室内,无论如何,是不容易再说谎的。在如此环境中的一间小屋尤其非同凡响。在巨大的集体住宅之中,只要一推开门,一家家就活色生香、截然不同了,哪怕门外 20 厘米就是残缺的踢脚线和满壁的脚印儿,随处的乱接线,满眼的小广告……里面也会豁然开朗。在如此凌乱中,室内闪现的片刻安宁是宝贵的,它既是肉体的也是灵魂的庇护所。"内"和"外"的极大反差,好像清洁的"个人"是浑浊社会中的孤岛。

当我在小屋中端坐良久的时候,渐渐开始喜欢上了房子原有的状况,那陈旧的带着岁月痕迹的门框,老式的水磨石洗手台,甚至水管螺纹间成分可疑的污垢……"却将旧物表深情",我发现自己生活的这间屋子其实是一间旧屋子,无需装修。我只能局部地修补它的损伤,就像一个考古学家修补一个陶罐。我保留依然可用的合页替换了新的门扇,为已有的不锈钢水池配上一个汉白玉的台面,给旧碗橱配了微微闪亮的铝质玻璃推拉槽……对于眼睛而言,这些已有的物件或有"多余",但对于心灵而言它们却不是"添加"的。当我端详着从前的主人在这些东西上留下的痕迹,就真的感受到了时光的流逝——自己,以及他人的真实的存在。

4

穿梭于城市里有些无名的室内,总让你产生某
种暌隔感:它们不是伟大的建筑,至少不是伟大的
建筑里重要的部分,一连串模棱两可的功用,让它
更像是城市里一个空置的环节。从公共的视野到
纯属私人,从警觉的眼睛时刻都在不停地注视中,
到彻头彻尾的身心放松,这里可能关联着无限的江
山、美人、功业,但故事的结尾总是无厘头的——最
终,只是一间普通的小屋,是伍尔夫(Virginia
Woolf)所描绘的,某年某月某无名旅舍墙上一个不
明的污点。

在饭店的包房坐着,客意犹欢,笙歌隐隐。在
"再走一个!"的大声邀约中,不善饮的我略感尴尬,
我只有扭头瞪眼,狠狠打量,关乎这屋子的一切:华
丽明亮的修饰谈不上恶俗,但是和先锋、文化半点
关系也无,是西人所谓的"贴面"(veneer),就像把这
屋子包裹起来保温的一张锡纸。我告诉红光满面、

酒气熏天的主人,我要出去打个电话——事实上,没人要和我在荒凉寒冷的室外倾谈,但我也不想立即退回到如火如荼的席间。回身,重新推开门,一切会突然消失吗?

这一刻,恰是上述的室内突然失去意义的一刻,好像无意义就是这屋子的意义,一旦跨出包间,我便突然清醒:板门隔绝了萧索荒诞的室外,使得屋里发生的笑谈犹如梦境。

热闹的屋内仅有依稀的光亮。不仅是空间发生了断裂,时间也停住了,置身这个不确定的空间,在这个没有意义的时刻里,仿佛想到了我们身处的室内也许是舞台,也许是观众席,也许是出发点,也许是告别处……一切犹如牵丝刻木,沸腾已久,须臾还寂。

一个深夜归来的人,怎么才能潜入这样仅有逼仄窗口的世界?怎么才能被那群开怀畅饮的人所接纳?在人海茫茫的城市中心里,顺着黑黢黢的墙垣一路摸过去,忽然,就有了这么一个横贯的、宛如城门洞的通道,在不该望得见的地方,一下子忽然透亮了……

蓦然在意识中穿越出的小屋一般都是这样,是两面看的监控画面:本该在镜头前值班的演播者缺勤了,不管里面有多热闹,外面仅有断断续续的惨白的窗口,让人禁不住怀疑大都会人满为患数据的真实性。它意味着"公共"和"私人"之间非连续的特点。楼顶,尴尬的空调室外机高高在上,像巡城的哨兵监视着黑暗中的一切,脚下寂静的庭院和道路,好似一个政变前的戏剧现场。

然后——庭院的一角传来了清脆的脚步声,那逐渐靠近的脚步声,一时不知道是走进,还是走出,在明亮的"城门洞"里,脚步声只是很长,很长……在非物质的通道里,空间才接出了蚯蚓般的线头,在那里像被捂住的声音在放大,慢慢逼近,这才令你醒悟到两个世界转换的可能。只是,监控图像本身很快也有消失的危险。

电影导演拍不出这样的情节,照相机也记录不下最后这一幕,室内:透过纱帘,窗外的夜空是绯红的,或者某种别的什么既黯淡又微明的暖色。即使是黑夜,屋里的一切又都是清晰的,它呈现出白昼所不能尽视的事物,简单而又美好的秩序。古老的夜晚,只能想象却不可得见的"那边"的光景。

有人回来,屋里该亮了。

拥有一间小屋，哪怕，仅仅是拥有它的空间感受本身，也已经是奢侈的。也许，那句关于建筑的名言可以稍作修改了，我们并不是在这里"诗意地栖居"，我们只是在这里悄悄地借住过。

桥

桥和隧道经常放在一起说道,就像它们征服的对象"河""山"往往并举。去往福建泉州的洛阳桥,比如,你便可能穿过清源山、朋山岭、白虹山……穿越现代的隧道。桥、隧这两样东西表面看起来区别很大,其实都是一种"捷径",穿越山和水。福建西部普遍多山,洛阳桥,让古代的泉州人去福州无需再远绕山岭,地图上仅是微微一线,却向北联通了近海而平坦的惠安和莆田。这样一来,滨海的交通线变通畅了,大路平行于航线,和泉州大港在波涛之上的能量相埒。

　　然而,桥又是更可见的,和暗黑世界里的隧道不同;隧道不是山的一部分,桥却是它从属的空间的一部分;桥弓拔地而起,引桥却是地面的一部分——桥一旦变成人造风景,便不再是纯自然,不是盘山公路那般逻辑"光滑"的存在。桥,实际上构造了一个最小限度的"第三自然"——也就是说,乍一看"自然",其实却往往粗暴,有违常理。选择建桥的地点不仅仅是"最近",还要服从其他的一些考量,比如它连接的是什么东西——城市的两部分、战略要地、生产部门,等等,承载的是什么交通方式——步行、自行车、汽车、火车,桥下是否还能通行舟楫,等等。

随着建桥技术的发展,桥是否还是自然的一部分,似乎不那么重要了。你不必沿着山间溪谷和九曲黄河,苦苦寻找跨越之梁。"大费周折"的那个时代已经成为过去,"基建狂魔"说,你想在哪里有桥,哪里就有桥。

我们不一定要提起那些选址特别的桥梁,比如位于江海汇合处的洛阳桥。就算是在平原地带,桥的存在也立刻区分了两端,也就是描画出不止有一个方向的箭头。桥的两边,上下游的水面并不一定就是会一头小,一头大,或者像水坝那样,一边高,一边低。但是,它一定创造了一个人为的分野,分离于自然凌驾于自然:不只是左岸、江右,而是桥上、桥下。

就连接的意义而言,"桥"和"路"相仿,但是,到底是什么让桥变得与众不同? 桥是一个具有神圣意义的物体,这意义,首先是人工战胜自然的功能所唤起的:"天堑变通途"。但是通途又绝不是从原有的地表上浮现出来的。相反,桥梁,至少它的一部分,需要坚定地否认原地形的逻辑:桥墩自平地升起,引桥往往从远离河岸的地方就已开始,水滨和水文被高高在上的桥遗忘、忽略,水中的船客仰视着奇迹般的桥的存在,仿佛两个世界。你若到1959年建成的长江大桥上走一遭,就会发现,如果不乘坐现代交通工具,靠双脚征服大桥本身是非人的体验,大桥使人望而生畏。

过去的小桥固没有如此巨硕,但是它的功能和感受的悖反与此相仿。桥本来只是使人通过,在印度,法塔赫布尔西格里城(Fatehpur Sikri),阿克巴大帝在他的凯旋门上告诫世人:"世界是一座桥,过桥吧,不要在上面建一座房子……"世俗世界却偏偏要在桥上盖房子,(廊)桥也成了一种特殊的建筑,成为城市中重要的生活节点。《晋江县志》中记载,洛阳桥上曾有城,有台,有亭,有塔,除了成为具有军事价值的关隘,还吸引了佛教僧人和民间信仰,有些遗迹至今尚存。在古代,真正的那一个洛阳,李白曾经流连于桥上桥下,因为"……天津桥南造酒楼",才有"黄金白璧买歌笑,一醉累月轻王侯"

（《忆旧游寄谯郡元参军》）。

桥是安定一方的象征。多座古桥，包括洛阳桥，大名都叫作"万安桥"。在福建宁德，另一座"万安桥"不久前烧毁坍塌。这座桥是我国现存最长的木拱廊桥，失火烧毁的不光是桥，还有阿克巴所不喜的桥上的房子。"桥神"负责江海平安，讽刺的是它自身却不能避免因人而至的灾祸。如果桥下是自然，桥上的风景都属于人世，奔腾汹涌的水流和静止喧闹的生活有着奇怪的反差。当你走过意大利佛罗伦萨阿诺河上的老桥（Ponte Vecchio），桥上两侧的首饰店铺和乌泱乌泱的旅游者，让你未必感觉得到，自己是在跨越一条 100 米宽的河流。显然，只有和平年代和不设防的城市，才会有此等景象。不只是车辆才需要通过的那种纯公路桥、铁路桥，不需要备防江寇、海寇，桥上本该就是城市的一部分，提供了最开放的空间、最具特色的生活场景。桥上男女并不急着过桥，却往往流连于声色中，就好像穿过捷克的查理大桥（Charles Bridge）来往于布拉格城堡和旧城区的人那样。

"天津桥下阳春水，天津桥上繁华子。"（刘希夷《公子行》）在那座以渡济闻名的"神都"洛阳，洛水

畔踟蹰的人们,已经注意到了桥带来的不同视角,
这种视角不限于人行桥,和我们今天看待跨越中国
西部的网红桥梁的方式类似,简直就和卞之琳《断
章》所讲的一模一样:"你在桥上看风景/看风景的
人在楼上看你。"桥,不光用来通过,而且还修正了
"自然风景"这种说法,它分明是"人工风景",提出
了对"风景"本身的不同看法。廊桥,或横越万山的
大桥,都是景点,我们看它难免是以旅游者的心态;
但是你一旦进入这种风景之中去的时候,才发现造
桥的人毫无例外,都扮演了一种双重的角色,既设
计了新的自然,也预设了自己在这人造秩序中的地
位——正仿佛"明月装饰了你的窗子/你装饰了别
人的梦"。

　　最简单的桥只求连接:浮桥,便桥。因此桥下
和桥上二元的纠结并非那么突出,大部分人是在桥
上而非桥下的,跨越两岸是刚需并非奢求。随着人
类征服大江大河,乃至这些河流成了城市的"内
河",桥下和桥上慢慢有了更稳固的共谋。首先,桥
梁需要在动荡不安的流水中安放自身,就算最简单
的平桥,为了让桥在水中能百年千年,看不见的河
床需要预先处理,比如做成"筏形基础",配合上下

游的水利设施——从此,河流实际上也变成了人造世界的一部分;其次,桥梁需要有更大的跨度,更高的升起,以便不妨碍水上交通,通行更高大的船桅。比如,组合大小拱券,使得桥梁自重减轻,形成一种像现代桁架那样的复合结构,或者将圆木或者方木交替穿插在一起,其中一组变成另外一组的承托,交织着,变成一种介于拱和平梁之间的互承构造。这样做的实际意义就是增大桥梁的跨度,桥梁必要的时候还可以打开,闭合,以便让桥下和桥上的生活并行无碍。《清明上河图》里,体型硕大的漕船通过"虹桥"的一刻,汴梁的艄公要紧张地收起桅杆,忙作一团。如今塞纳河上的旅游者,是断然不能想象这一幕的。

是的,一旦桥上的果实已经成熟,那么澎湃的航道无论如何也不能妨碍它头顶的生活——荷兰最有名的豪华游艇公司 Oceanco,不得不重新考虑亚马逊富豪贝索斯的订货,因为这艘大船通不过鹿特丹百年的科宁斯文大桥(Kongingshaven Bridge),当地人认为和贝索斯的钱比起来,桥更重要。

今天的桥梁技术早就不受这些约束了,除了可以在几乎任何地方建造桥梁,还可以以想象不到的各种方式建造桥梁——尤其是那些和城市生活关系紧密的桥梁。桥梁由简单的一道变成了立体交叉，不见得一定是水流，被跨越的，也可能是满载人和车的道路，是山野，甚至是那些不得不藏身在下面的城市本身。

从没有水的那座桥开始——北京前门前，晚清在北京的外国人习惯把这座旱桥称作"乞丐桥"（Beggar's Bridge），这些花色繁多的桥，彻头彻尾地改变了桥的定义：自然的、古典的定义。桥固然首先是"通道"，它还可以是一种形象，对它的感受原本随着通过河流稍纵即逝，现在延宕成了永恒的地标；桥还可以是吸引人盘桓的"空间"，空间纵横交错，乃至生成一个妙趣横生的剧本，就像西直门据说永远找不到下桥口的立交桥那样。

这形象不只是"灞桥风雪"，这剧本也不只是"蓝桥会"。今天，我们每个人都是风景的一部分，不再仅仅是看戏的人，而是繁华城市的"演员"，无关桥上桥下，也不管我们涉过的是真的大江大海，还是大都会里的人流。是惠特曼，首先把美国文明的成就写成了风景诗，他笔下的布鲁克林大桥，除了是人类工程史的伟大成就，还是走向现代的北美才逐渐形成的一种独特的风光,向我们示范了"桥"如何接续古今。虽然比佛罗伦萨的老桥长了二十倍,布鲁克林桥依然给纽约客留下了行走其中的余地,很多人乐于把它作为跑步锻炼路线的一部分,新哥特式的桥头堡装饰母题,是向旧大陆的教堂和大学致敬。

现代的桥梁设计,巧妙地隐匿了"人"在风景中的作用,以至于渐渐地,我们不太会写和它们有关的诗歌了。对这种新旧造景的关系,只有批评家还算是保持敏感,比如卡洛(Robert Caro)就把连接纽约大区之间的那些高速大桥称为"摩西的风景"——罗伯特·摩西(Robert Moses),是影响纽约20世纪发展的最重要人物之一。他主持规划了遍布曼哈顿岛的一系列现代城市工程,把古人做的事用现代手段又做了一遍,除了桥梁,还有水道(高速公路),船坞(隐藏在摩天楼里的交通设施)。

将不同尺度混淆的比喻之所以重要,不仅仅因为喻体和本体表面相似,比如说"长虹卧波"。开车驶过这些大桥的时候,你会意识到那些支配着古典修辞的隐喻依然有效,关系还是同样的关系,只是悬索大桥和汇入海洋的大河取代了石桥流水,不一样的速度偷换了悠闲的漫步——对城市发展而言，它们是"名至实归"，后果严重。1923 年，哥伦比亚大学的哈维·威利·科贝特（Harvey Wiley Corbett）提出了用高架拱廊步行道改良城市交通的方案，整个城市的地面和隧桥逐渐全部让位给机动车，行人在第二层上沿着建筑中辟出的拱廊步行，这种连续拱廊通过天桥贯穿整个城市，一如在今日香港岛所看到的那样。

除了交通潜力提升的数字（据说高达 700％），科贝特打动人们的主要是那些现代风景中隐藏的隐喻，和它们最初的起源有关：

> ……所有种种变成了一个极为现代化的威尼斯，一座由拱廊、广场和桥梁组成的城市，街道是它的运河，只是这运河中注入的不是真的水，而是自由流淌的机动车流，阳光闪耀在车辆的黑顶上，建筑映照在这种飞驰的车流之中……

尽管纽约有各种各样名义上的"圣马可"和"贡多拉"，混凝土和钢铁车流构成的"流水"，并不能就让普通人联想起威尼斯,但是它们带来同样真实的动态,生机和变化——就和过去的风景一样。

如果,过去的桥可能是一座房子,那么,现代城市的房子可算是一座桥? 这,是那些不容易再有步行者的钢铁大桥,乃至呼啸的车流真正改变的东西,也是尤为深刻的改变。很多现代城市地点都已别具其义了。也是北京,亮马桥,过去时代可能是"城东数里去程。某年某月某时,与某人同游于姹红嫣紫中……"现在,它只是人的官感无法把握的一座虚拟的"桥",它既不连接,也未见河水,灰暗、巨寂。但同样使人惊叹的是这桥上的行人,即便是在现实的荒山中,也总有二三行旅,从没有路的地方走出路。

现在没有多少建筑可算是一个"终点",至多只能说,它们跨在不止歇的现实上,是座座让人暂安的桥梁。看,就算你从充满喧嚣的办公楼回到家中,回到了"港湾"(注意这个现代比喻的实质),也并不能就此安顿,你的生活还是很快面临着新的一轮出发。

从阿根廷建筑师威廉姆斯(Amancio Williams)的"桥宅"(1943—1945),到清华大学教授李晓东的桥上小学(2009),不止一次地,当代"造桥人"也提出了这样自我矛盾的"桥—屋"概念。当代的"桥上的房子"有时仅是设计师的促销手段,建筑体块相互堆叠,以轻盈的姿态"悬浮"在景观上空,带来字面意义的生动;但是,桥也可能是带来更深层次空间变革的因素,就像无声地改变了纽约的"设计师的设计师"摩西那样。

那些施之于大尺度景观的观念,也冲击了具体而微的建筑设计手法——冲突,首先是建造技术上的:比如,在瑞士洛桑高工(EPFL)建造她设计的劳力士学习中心(Rolex Learning Center)时,和上面两位一样,日本建筑师妹岛和世希望用一个底部架空的连续结构承托起一体化的建筑,好兑现不一般的承诺,让(有容量的)"空间"和(线性的)"运动"共荣。这桥—屋虽然有寻常建筑三四层那么高,里面并无楼梯,也找不到一堵墙,学生们需要沿着盘旋的斜坡,漫步到达各个上下区域,就像座座旋桥上建起了玻璃的廊屋,一条条交叉的步行道覆盖了建筑全体。因此,学习中心的教室地板几乎没有哪一处完全水平。

外表看起来,庞大的建筑并不像"桥"。然而,洛桑高工的工程师的结构灵感恰恰是"桥"。原来，为了偌大的房子中央不是深不见光，而是如廊桥般两边有景，整体浇筑的混凝土楼板要打一个个洞，而这恰恰有违混凝土浇筑的曲面壳板的结构属性——就像一个蛋壳上绝不能有洞。哪怕建筑下面并无水面，只有"桥"和大地的亲缘，才能让桥—屋真正变成轻盈若飞的风景。最终，这些混凝土"桥面"的预应力，落实在"桥墩"所在的，看不见的混凝土方上，有点像洛阳桥的"筏形基础"，地基也是一整块板，桥面如绷紧的弓背，地基如受拉的弓弦。几组不规则形状的"桥"和"桥"并肩站在一起，受力情况相当复杂，但它们之间的空隙，自然成了妹岛需要的——"蛋壳上的洞"，也是允许空间从此流出室外，流向大地的东西，是桥上下对话不可或缺的。

　　房子还是桥？内在的矛盾比新颖的结构更重要：就像廊桥那样，本用来"渡过"的，就不需要再在上面叠梁架屋，增加负载了，对吧？学习"中心"本该是个无方向的空间，关键词是包容和占据，但是一般的桥却是有方向性的。这种确定的方向性，才是弓一般的结构成立的原因，也是建筑不寻常的地方。然而,劳力士中心的学生,大多数意识不到这一点,让桥上人流连的廊屋的"房间",最终却又掩盖了"桥"纵横交错的特性。这些不协调后面,一定还有比简单的技术理性更复杂的东西。桥不仅战胜自然,它还渴望着叠映在自然之上,与之共荣。相应的,房子也引入了自然里不安定的因素——就像现代主义大师弗兰克·莱特著名的"流水别墅"引领的那样,住宅横跨在溪水之上,它所冒的工程风险,也把现代生活带到了一个新的境地。

桥把本来稳定的转换成灵活和变动的,把受力分解为性质不同的垂直重力和水平运动,仅仅留下少数和大地的连接点,赋予沿着地形的移动最高的优先级。最终,仅仅特殊的工程手段本身——比如洛阳桥那样看不见的"筏形基础",或者劳力士中心那样张紧的"桥弓"——也足以使我们意识到脚下土地的不安定。

有着无数桥的地方是普遍的现实,高高低低的不止重庆,与其勉强记住每一个拐弯,奢望真正的平地,不如简简单单认清桥上桥下,好避风险,好看风景。在兜兜转转中,你将要度过一个又一个时日,不止在出租车上。永远没有终点的"司机"会告诉我们,不是所有的桥都是因为先有河水,不是所有的连接都是为了渡济之功,无数座桥本身,就可以构造出一座城市。

交通空间

1

坐飞机如看歌剧表演,它只是候场时间更漫长。除了唯恐赶不上飞机,一路会有深深的焦虑,一旦顺利通过安检,你就置身欧洲君主的艺术之宫里了:放松,放松!演出计划早已确定,演出时间不容商榷,往"演出厅"的路你大可坦然了,要给自己半个小时,酝酿情绪。

分享机场的大多数人不会任性,甚至,被强制午睡的孩子们都放弃了最基本的自由。就算延误,就算明知未来潜伏着巨大的风险(其实比国道上搭顺风车安全),你也做不了什么,不大会临时改变主意,不是在自己城市里约人吃烧烤,随便就能换个地点,可以退菜,按桌铃,用屁股摩擦塑料凳子,和服务员理论。在机场里,你只能自觉行为优雅,只会默默地等待,等待那个即将到来或者被延宕的时刻,听从命运的安排。

殴打烧烤店同伴的人毕竟是少数,推搡机场工作人员更会上本地新闻。大多数机场,就算是第三世界国家的机场,也不会轻易有新闻——世界上没有太多其他地方,会有这样奇特的品质。

机场断然是城市里最为"白色"的空间。最受欢迎的商场也有让人皱眉的卫生间,高铁站里的熊孩子仍然大呼小叫,早些年的长途汽车站更是治安的死角,时而有人老拳相向——机场里你却很难看到这一幕,绝大部分地板就算没有清洁工来回擦拭,也不会有人乱扔垃圾。城市为机场投入巨大……重点来了——对"安全"这一点,所有人有最基本的共识和默契。为了取消航班改签过夜,不是没有过旅客把柜台拍破,可是,能坐飞机的人,疯狂的上限也要比夜场酒吧的底线更低吧。

机场,天然已经是一个充满了规训的空间,自愿进入这个空间,人们不会意识不到各种禁忌的存在,保安、特警、反恐精英部队……这些不过是禁忌的表象,实际上,当你脱下鞋子,抽出皮带,举起双手的那一刻,你早已接受了你和规训空间达成的默契。就像去澡堂的浴客,一旦寄存了自己的手机,绝不会再反对搁置片刻自己的社会属性。尽管,在机场你时而还能听到总裁在电话里对下属的咆哮,大部分机场,访客和澡堂的浴客有类似的放松——著名国际机场的贵客休息室,往往就有让旅客淋浴更衣的去处。

机场是一座特殊的城市,操作飞机具备的高风险,对应着机场建筑的极端安全。说它是"城市",当然得凑齐城市该有的成分,即使最迷你的机场也不例外,尤其要囊括不那么冠冕堂皇,却是对于身体放松至关重要的功能——除了洗澡,"吃"是生理享受最重要,也最适合说的部分。最新建成的机场,于是涌现出大量米其林级别的好餐馆,不过人们一般都忽略了这不能有明火,所以煸炒炝爆都是不可能的,这导致"机场城"虽有假造的生活气息,却绝没有一点儿烟火气。不管什么国际大牌,都只能重新编制适合微波炉和空气炸锅的菜单,即使草草加热的预制菜,煞费苦心,看上去也得像新鲜的一样。这搞法,适合火锅店、面馆,明明冷冰冰的餐底,浇上一勺"叮"了几分钟的浇头,也能假装热辣新鲜;却不合适哪怕基本真实的烹饪,就算生了吃的日料,也还要用纯净丁烷气的喷火枪,"哧"地燎一下吧？

　　机场，确实有城市生活，但却是刻意营造出来的一种生活的假象，就像更新过的各种冒牌"古镇"一样。停在大厅中央的跑车只供合影留念，决计是无法开动的，复刻在机场里的世俗空间：园林、书肆、咖啡、水吧、时装、特产铺子、民艺店……代表真实城市的细胞，但只是最为人畜无害的一部分。

　　最重要的，当然是周遭事物营造出来的特殊气氛，这比商业还要重要：买东西的理由，超过了东西本身。最简陋的机场也有这种功能：一方面，那些漏了给家人惊喜的旅客，确实值得这最后一个掏钱的机会；另一方面，付款背景里盛大的场面，值机员、地勤、机组、安保……提示着即将到来的不平凡的地点的转换——这，是你即将告别的空间了，各种纪念品浓缩了这个城市的基本特征——即使深圳，也准备了独此一家的"无印良品"，它们提醒了你下一分钟即将发生的事情，提醒你"机会不再"。

　　早先的火车站，少部分地区的人们熟悉的港口，难道不也有类似的，属于旅行者的气氛？除了告别，"抵达"，难道不也是这类交通设施的基本功能吗？可是，初次入狱和刑满释放绝不是同一个概念,取决于刑期多少,看守所和劳改农场给人的印象也是判然有别。机场的奥妙,主要在于它一方面有精确的运转方式,一方面又因庞大和复杂,加上种种自然和人为因素,有太多不确定性。这种让人惦念的不确定性,才是问题的关键,"出发"比"抵达"重要得多,而机场最典型地体现了"出发"沉重的意义。

在走入大门和飞机起飞之间,无法确知的穿梭时间,足够让机场空间升格成一座真正的城市了,它把火车站里心无旁骛的一段赶路,变成候机大厅里肝肠寸断的逡巡,相形之下,即使最漫长的到达,不管是机场还是火车站,都不具备这个条件。一如城市,机场有各式纷繁的选择,但是核心是人人都有个"必须"的抉择,没有谁置身事外——去逛街,没有义务一定要买点什么,更没有必要,在一个地点和另一个之间无聊地等候:天气原因有可能取消?延误比例30%?排队等候起飞中?改签早一班起飞?相比古代,现代旅行的不确定性减少了很多,但是不确定性并没有消失,或者就此让旅行变得真正简单,事实上,旅行日程所关联的精密性,让一个人在选择和选择之间变得愈发焦虑。

最终，就像天方夜谭中的故事：动不动就要杀人的苏丹，逼着你走入了很多门中的其中一个，竖起耳朵，监听命运或轻或重的裁决，接受迟到或误事的结局，这个结果，只有落地了才有分晓。几分钟内，你都在紧张计较，是不是还会有机会再来一次同一个登机口？这么一想，比任何时候都可能让你下决心，于是，你走进了平时不大会走进的登机口旁边的商店，买一点用得着用不着的东西。

这不动声色却不容忽视的心理学配得上庄严而严谨的仪式。空间里，标识设计、家具型号、灯光布置、植栽选择、流线导引……都不容含糊，意匠远超小地方平均水平，锃亮的地面上，就连一个垃圾桶都不易找到——在地上，只要你丢下一个大一点的包装，马上就会有保安紧张地聚拢来，好排除潜在的危险。实际上，"演出"的后台一直都有工作人员，大幕虽不总是拉开，他们却从未离场。你下飞机的同时，机场物流立刻就会动手卸下行李，凑巧的话，你刚漫步到机场出口，行李已经同时抵达取行李的转盘了，这类协同需要特别合拍的设计和操作。每个部件，都在祥和宁静的外表下不停运转，整个机场空间像是一部原理浩繁的机器，庞大、复杂。

与此同时,航空公司已经不再这么渲染他们的服务了:乏味的铝合金的匣子,偏偏要伪装成马尔代夫的沙滩,灰色的城市被忽略,人和人始终穿行在人造的风景中。出行是个童话故事,不光是泳装的度假父母,小孩都可以欢天喜地看个大概——这就是机舱服务的最新介绍片的剧情,就好像假期在飞行中已经开始。更不用说,飞机里还有单个专属的小空间,一对一的管家式服务,穿着女仆装的空姐……这种空间的伪装术,由穿过安检门的那一刻自始至终,从仿佛身着睡衣、游荡在家一样让人放心的等候大厅,一直到随身物品丢在沙发上也不会有人捡的航空器。空间的伪装是一种表演形式的物化,交通设施因此也和剧院气氛有着奇怪的耦合:在候机大厅,这种舞台和观众的关系初露端倪,所有人都坐在同一类沙发椅子上,面对一个不容商榷的方向。

最终,"演出"开始了……相对等候的时间,核心的剧情发展并不算长。飞行的速度之快,让你一动不动,却察觉不出外面世界的剧烈变化,气温,气压,光线……对于一众宁息的(pacified)身体而言,这个特殊的剧院里的一切都调试得恰到好处。这场完美演出的唯一命门，就是机舱外面那些不可抗拒的因素，飞机时而剧烈抖动，飞行的噪声难以忽略。然而，这些因素，和一般人的意志又不大会有什么交集：你坐在那个位置上，按照要求系上了安全带，已经接受了观众和舞台之间的默契，不会像乡村演出里那样无厘头地上台搅局（毕竟，喜剧片里，那些真的想要在飞行中打开舷窗，"透透气"的人，现实中并不多）。这台演出，机长的权力大到无以复加，有意思的是他通常并不直接出现，他紧张地在后台指挥一切，是个不能有所闪失的幕后导演。

2

如果机场是歌剧院的前厅，火车站一定属于综艺局。早先它是更接"地气"的发明：二十年前，在火车上，偶尔，你还幻想着像电影里的主人公那样逃票跳窗，毕竟外面就是自由的空气，不是万米的高空。回到二三十年前，站台上的小贩是会把盒饭递进窗户的,列车启动,一个车厢扔出的啤酒瓶会砸到另一个车厢的人。在火车上的"演出",气氛难免比机舱更加轻松,你要宽容同伴旅客的大声聒噪,装作没听见时而发生的口角——如果它发展成殴斗,也能提醒你,你不是真的在收听综艺节目。这样的"演出",就像主持人会插几段笑话,也一定会发生意外,就像名人访谈,摔杯骂娘的场景可能有一部分是真的。但是"歌剧院"里绝不会有这样的意外——因为技术上不允许。在那里,盛大的背景音乐,如同飞机起落的噪声,淹没了一般的和私下的交谈,阻碍了机舱内"这个"世界和机舱外"那个"世界的互相交通。

　　火车旅行更为普遍,火车站也出现在几乎每一个城市。飞机安全不容闪失,时间精准,同样配得上火车的关键词,但火车旅行兼容日常生活:这是一个更大的、"鲁棒性"(robustness)更强的系统,它不配有漫无边际的想象力。也许,这恰恰是因为,空间位移带来的狂暴的能量,在火车旅行之中随时随地得以释放,而不是如机场和空中旅行那般小心地掩饰,一旦爆发会有严重的后果。对于大多数地方而言,火车站直截了当,飞机场像一个遥远静默的谜。

无论如何，老式的火车站已经淡出人们的视野了，绿皮火车上的放肆不再适用于高铁车厢，绿皮火车和升级高铁，好比乡村舞台区别于电视台演播大厅，后者同样庞大复杂。高铁同飞机相似，有着不容商榷的精确性，高铁站也变得更像是低配版的机场。不停刷着抖音让邻座旅客皱眉的家伙还存在，桀骜不驯不让座不服从还骂战的还存在，但在随时可能出现的直播镜头前，他们已经越来越少了，也越来越老实了。"安静车厢""亲子车厢"……高铁让通往乡村的铁皮盒子变成了城市文明的宣传橱窗，西部省区的列车和北上广深的地铁文明同步，空间的整饬氛围，自动减少了不守规矩的人的存在。

如果说，第三世界20世纪的火车站还有欧洲人19世纪的痕迹，中国的高铁站，断然是我国独到的发明，属于未来。既然演出前的候场同样是演出的一部分，那么高铁站就是高铁车厢里发生的事情的预演了。在这方面，它和机场类似，但是少了很多让人猜测的层次，更没有欧美20世纪初火车站的新古典主义装饰了：你用不着花大力气思索不同数字字母的含义,眼花缭乱区分各种指示牌的功能,一个上车点和另一个出口之间,也不大会有"摆渡"的问题了。高铁站不会有机场几百号的进站口,数字往往还不在同一个方向,1—12往左,13—21往右……火车站里只有 1A,1B,2A,2B,3A,3B……就像一个通俗节目的节目单,不存在多样化选择的困惑,不用区分序曲、间奏曲、合唱、重唱、独唱,也不用在意什么是咏叹调、宣叙调、咏叙调、浪漫曲、小夜曲。

在高铁站,只有一首歌,下一首歌,另外一首歌。

注意:这里不是苏黎世、柏林、东京,高铁站远不是城市的中心,没有大牌的专卖店,也缺乏上档次的餐馆,火车站只有快餐,多快,得由上车还有 20分钟还是 10分钟决定。甭管列车本身要开多长时间,很少再有人像以前那样,会在高铁站待上一个小时以上——你发现,火车外卖,不是车站便当,才是高铁系统最新的发明,略施粉黛的空间不是新发明,不一样的时间表是绝佳的发明。准确地说,空间乘以时间,构成了前所未有的新的生活方式的流动,就连食物本身也因服从这种流动性显得创新。

你可以在火车上点外卖了,外卖其实没有动,是人在随车走动,到了下一站领取食物而已;城市也没有动,是人动了,于是交通不是手段,而是生活本身,在高铁上享用这种特殊服务的旅客,向食物,还有别的什么目标,气势汹汹成群结伙地行去。他们自以为改变了陌生外卖小哥的命运,但其实是他们改变了熟悉的自己。

高铁暴露出来现代旅行的本质,和飞行不会有区别但比飞行少了起码的诗意。在这种程式化的快速消费里,你往往记住了下一个地名忘掉了上一个。单调性的另外一面当然是貌似的好处:本来会有的各种纠纷,争吵,甚至斗殴,就像老火车站里和绿皮火车上时常会发生的那些,全都消解了,因为出发/到达频次之快,你都不会有时间生气,更不用说反复计较一件事的后果了。我们不大会理解,为什么所有的高铁站不光是大,还很高——路易·康(Louis Isadore Kahn)问过类似的问题,罗马人为什么会建造一座100英尺高的洗澡堂?"当人类立志超越功能的时候,它就成了一个奇迹,在这里,人们的愿望是要建造一座100英尺高的穹顶,人们可以在里面洗澡。8英尺就足够实现这个功能了。但是现在,尽管它是个废墟,它仍然是一个奇迹。"

从功能出发而又超越功能,这种空间设计的后果是很显著的,候车室里不总是有座,但绝不大缺座,因为没有人,会在高铁站的巨大屋顶下面呆立太久,这里,基本上不会有任何"静止"的可能性,即使取消航班也不会让旅客夜宿登机口,旅客不至于住机场里好几年,以至于拍了同题材的电影。高铁站即使有店铺,也绝不会吸引大家"逛来逛去"。

这台同样盛大的演出,人们却记不住节目的内容,更不知道舞台的名字——因为它们顺序叫 1A,1B,2A,2B,3A,3B……舞台有无数个,总是在同一空间的两侧。

3

汽车站,是郭德纲的相声场。乍看之下,表演形式极其简陋,演出利润微乎其微,但是郭德纲们有着毫不逊色的影响力。你或许发现,普通人到了一定年纪,可能更喜欢郭德纲而不一定去看综艺节目现场录制,更不要说单位也不会送票的歌剧演出,前者,才有着充分的和真实的互动,成本也更低廉。在平凡的生活里,如果时间允许,我更喜欢坐晚高峰之后的公共汽车,不一定挤地铁(太挤)或者骑共享单车(太累)。地铁的性价比高,公共汽车可能要花更多的时间,但是对不缺时间的人后者选择更多,服务个人需求更精细,更主要是在地面上,你也可以看到更多的城市生活。

公车司机貌似处在极弱势的地位,因为总有乘客试图改变规则。不像飞机或者高铁,汽车交通似乎是可以不那么精确的,每个人因此都情不自禁滋生出不同的需求,听起来都那么合情合理。比如"我能不能提前下车我又不少给你钱","能不能在××停一下我有个同伴想要上来","为什么顺路不能绕一下××",等等。大多数航班我们不认识它们的机长,开火车的人更不知道长什么模样,但是司机师傅我们总还是看得见他的后脑勺,即使不是光秃秃的也不会十分青葱。如果是长途汽车司机,往往是个性格暴虐的中年汉子,说不上来是天生性格如此,还是因为长年累月和背后的无理乘客互动的结果。职业规则,司机哪怕不能执行乘客的要求,也不能直接回怼不讲理的乘客。结果他只有把愤怒发泄在驾驶风格上,突然加速,猛地拐弯或是骤然刹车,如果不是把背后那喋喋不休的乘客摔个狗啃屎,至少也让他们暂时闭上会嘴。

如果这是个情商足够高的司机,他就会理解,乘客和他之间的情绪都是非常"职业性"的,是由他们共同承载的旅行方式所定义。他大可不必和乘客发生直接冲突,后者极少情况会抢上来争夺方向盘,但是如果你一言我一语针锋相对,后果可以变得难以预测。君不见,在郭德纲的演出里,一上来都是主动"砸挂"他的搭档,或者干脆揶揄他自个儿。自嘲,消解了无意义对话中偶然产生的意义,尤其那种富于对抗性的意义。在这种情况下,听众们如果有所反应,就被带进了郭德纲们精心设计的共情,那仿佛不是他们花了小钱,来理解演员有时并不好懂的梗,而是一种心甘情愿的交互游戏,台上台下——按照这个逻辑,司机大可如善于套路的导游一样,一路上天花乱坠,把他计划好的行程,变成乘客们的某种娱乐:"地陪"赚取了旅客的注意力,同时也形成一种新的默契,是规则制定者和规则服从者的共谋。

很多人很久没有乘长途汽车旅行了。但大部

分中国人不会忘记他们城市的长途汽车站。在美国,绝大多数城市的大巴路线并不提供容纳很多人的汽车站,乘客在路边上车,在附近的公共空间里候车。然而中国的长途汽车站有它存在的理由:旅客目的地并不清晰——除此,很难维护"盲流"们的秩序。

　　汽车旅行,加上汽车站本身,似乎从来没有如羡慕罗马人浴室的康所愿,成为一种超越它本身实用性的文化。飞机短暂地脱离了我们生活的世界,这才有几分超脱的诗意;火车,尤其是旧日的火车,拥有精确性,显然的强度和逼人的机器气味,于是它们匹配的空间也是如此。不管多大,汽车站却从不是城市生活以外的,乘客们上下的停车场,不像完全封闭的火车轨道,只能是城市不可分割的一部分:在汽车站经营业务的老板,在隔壁的小旅馆就有股份,城市的闲人,即使不打算离家远行,也会忍不住在汽车站里游来荡去。在这样的空间里,你还能指望什么太有排面的增值服务呢?

　　不得不去坐汽车走国道的那些人,肯定掏不起钱买张高铁票,更不要说坐飞机,也只有轻信那些吆喝着"上车就走"的。被卖了好多次,颠沛流离回

到家乡的他们,更有可能,在下一个瞬间就改变了
自己的旅行计划:因为省钱,赶时间,被人忽悠,也
可能突然遭遇了变故,或者是因为难以启齿的原
因……汽车站这儿的椅子与此境地匹配,即使邦邦
硬,总比别的地方更可能睡下一个流浪汉。椅子前
方的大屏幕比飞机座椅上的小屏幕更接地气,如果
在播放什么,除了千篇一律的通知/广告,总之,是
什么让人看不下去的东西。

　　空间比高铁站和机场都更缺"检查"和"决定"
的层次:安保措施不那么先进,进进出出也没那么
困难。在汽车站里的乘客,更容易改变想法,倒退
回他们来处的城市去,但这里的好处,是通常看得
清进进出出的车辆,让你可以实时目击车站里的种
种纷扰。早先的乘车通常是一场混战,大包小裹,
"玉体横陈",如今先进的大巴车,要求乘客把大件
行李存储在车厢下方的货仓,人货分乘。这其实增
加了行李丢失的风险,因为"相声场"的听众的个人
修养,你真的不敢完全信任——毕竟,大家并没有
经过充分的安检,也没有用票价做品格抵押,更主
要的汽车站的边界远不像机场那样坚不可破,乘客
的信誉和本尊都消失/出现得同样迅速。在犹疑

中,大家纷纷从车窗或是车门里探头,上上下下,寻寻觅觅,乘客们的脑筋越是复杂敏感,越缺乏安定感和对彼此的信任,因此空间也有表面上的更多动态——强度十足,没有逻辑。

纯体力的代价换来了充分的、无门槛的一路欢快,在汽车上端起茶缸子的乘客,每个人都有介入驾驶的冲动——虽然,这么干的后果肯定和前两种交通工具是一样的,但还有一定生还的希望。在汽车站放肆的代价,远不如机场和火车站那样大,也少机会登上地方新闻的头条,但是他们/她们有了更大的活性,也能有效互动,更像是社会学意义上的、致密的"群体"。

比萍水相逢的、脚踩光洁地板的"高级旅客"们更像。

4

在注意到交通工具的技术潜力的同时,现代建筑的奠基人也意识到它的文化价值,他们意识到:汽车火车车厢、飞机机舱和汽车站、火车站、机场必然有着某种关系,运动空间和空间运动合在一起趋于完整。就像鼓吹飞行器的柯布西耶,孜孜不倦研究房车车厢的富勒,建筑师更容易认同非建筑空间的建筑学价值,而且,正是因为它们不拘于"不动产"的特点,才能构成对现代人更有影响的变化的空间。按照这种理论,单个的形式因素越少,放在一起的动能才更大。作为一种个人主义建筑的极致,汽车和汽车站一样值得更多的注意,它同时放大了"参与"和"重组"的意义,公共汽车、长途汽车,都是活泼的生生灭灭的小社会,是哪怕最自闭的人走入真实社会的不二法门。除了疫情期间,笑嘻嘻、咋呼呼、臭烘烘的同一辆大巴车,价值肯定大大不同于同一个高铁车厢、同一架飞机,前者,才是"千年修得同船渡"的真实含义。

你肯定会说,这个清单遗漏了最古老又最基本的东西:一个独自旅行因此多多少少反社区的人。这样的人现在一定还存在,他渴望的是完全属于自己的一辆车,不一定是汽车也可以是自行车(用双脚朝圣完全不在乎速度的人不在讨论之列);这是一种和上述完全不同的逻辑。他需要的不是任何一种和集体性有关的地点束缚,这种束缚使得个体的身体服从集体的逻辑。与其让自己受困于某种空间，不如把自己武装成一个空间，改造卡车、面包车、共享单车，打包帐篷、背包、换洗衣物……成为整整一个世界；显然，这样的意愿，造就了专业旅行设备供应商的业务，除了让富豪体验深海潜航，他们还可以把任何普通车辆秒变富勒的房车，在小小一个背包中装下整套野炊装备，最多，还要一间别样的龙门客栈，给"马客"提供草料和明天启程的动力。

高速公路的休息区，也许就是这样的现代亭驿，只不过不再浪漫罢了，归根结底，它们只能是厕所都一模一样的交通"设施"，那里的顾客的全体也就是一起开着改装车去川藏公路的自驾驴友的全体，他们中的一些人连帐篷都不一定有，只能在声称穷游世界视频直播的间隙，偷偷住几晚上黑旅馆。这就是个人旅行自由的代价，不是速度杀死空间，而是自由杀死空间。

只是动态容易崩塌成死局。飞机、火车、公共汽车、小汽车，飞机场、火车站、汽车站，各自有各自的亮点也有它们的命门：你可以自己驱车前往任何地点，但可能堵在大都会周末拥塞的逃离队伍中动

交通空间   191

弹不得,你可以"飞速"到达,但也可能坐在一次次
推迟起飞时间且没有空调的飞机上动弹不得,这种
动弹不得,比起挤在准时到达但是人满为患的列车
和地铁上动弹不得,好不到哪儿去;盛大的风景和
晦暗的生活可能同时静止在身旁,是在高速公路上
匆匆的一瞥,还是在鸽子笼一般的房间里无聊望
去,最终没有区别……

很多奔波匆迫的灵魂,却渴望着早点儿到达某
个安定的终点;世外桃源如画片一般的远方,吸引
着年轻人不断的"在路上"。因此,换取的速度的好
处只是相对的,从空间的银行里,运动兑现了能量
的支票,有消费,也不能没有储蓄。你从最快,最少
自由(飞机),到相对快,相对自由(火车),直到不那
么快,但获取无边无际的解放(汽车),这之间并不
是无极变换,总是获得这个,失去那个。

人为什么要旅行? 这个近乎哲学问题的答案,
可以解释上述公式中各个变量的关系。乔治·桑
塔亚那(George Santayana)说旅行者怀乡的文字:
"尤利西斯记着伊萨卡……人的心房是本地的,有
限的,它有根。"即使小小希腊诸邦的人民也如此,
每个人的精神都依附于一个确切的空间和地

点——可同时，他又表达了游牧的必要："一个好的旅行者吸收了越多的艺术和风俗，他对……他自己的家乡……的认识就越深刻和愉快。"

在我的活动范围只有江南江北那般远的时候，任何旅行都是一件大事，鸡鹿塞、大散关都是遥远的想象，只有江水的宽度是眼下的真实的，带来淮北江南细微而亲切的温度差别，以及身边有限却纷繁的人心的区隔……越是旅行，越是渴望更多的旅行。这也是郭沫若沪杭车中的说法，和一般人的直觉正好相反：得自移动的观察，因而叙写较为客观；源于静观，反而导致过多"移情"般的赞慕。只是，郭沫若没有对比过现代航司常旅客的经验——两个不同机场的大玻璃窗里的画面，连接起一种蒙太奇般的不连续运动，遽然意识到演出结束，旅客有可能只是在软座上做了一个梦……小窗板是关闭的，并没有火车客类似的向外观察。和20世纪初期人经历的火车旅程连续的"长镜头"不同，当代更精密和发达的旅行是被控制的，徒有旅行的外表。

不管你乘坐什么交通工具，把同样体重的人搬运一定里程的做功相等，难得，你才会碰到违规操作的报幕员，有时让你看到舞台外面真实的变幻，它们颠覆乃至重新定义了上述那些交通空间的一般境地：

——比如那些携着风险的"黑车"，南方尤其多见。司机用速度跑出了被掩饰的激情，现代交通工具在他胯下就像古代骑士的烈马。有一次，我在珠海赶飞机，不得已和几个乘客拼一辆"野出租"。驾驶员淡定谈着电话，拉着可能在澳门输光了所有现金、在深圳损失了基本积蓄的哥们儿，从人多得不可思议的车站聚集处出来，一路狂飙向远得不可思议的终点，显然，为了凑出下一单，他才不可思议地三十分钟跑了一小时的路。不知是开窗呼啸，抑或原本就是电闪雷鸣，只听到"危险"的片段呼吁，乘客脸色发白，司机报以大笑。夜色一瞬，我感到又恐惧，又兴奋，忽明白了"拉风"人生的危险和刺激。

——比如，在极端的天气下，交通工具突变出了设计里不具备的诗意。大学时，老坐回家这趟火车，大多数时候，人满为患，窗外景色乏善可陈；只有一次，恰好在暴雨夜渡过长江，车厢已经不再是个前进中的物体，它就像一个坏了的冰箱，铁壳子被天气敲得叮叮当当，车内罕见没有小孩哭大人叫。在大桥上，窗外已经没有了白日澎湃的远景，玻璃像黑不见底的深渊,像一块沉睡的未充电的屏幕。过江的短短几分钟内,桥上桥下有通明的光线,视野突然被金色的秋雨唤醒了,照亮了,点着了,像一根火柴在不可知的背景上擦出的,一个刹那间才存在的无限的世界。

更多的感悟和你自身的状态有关。二十多年前,为了能顺利赶上去荷兰的设计旅行,签个能回美国的证,又不耽误一天之隔的课程,这辈子罕见的一天里,我坐了两次横跨美国大陆(coast to coast)的航班,要走一趟最近的墨西哥城市,从东海岸的波士顿飞到西南角的圣地亚哥,再跨越边境步行去蒂华纳(Tijuana)。经历了各种准备、盘问和无语,从忧虑,畏惧,绝望/生机到满怀希望又精疲力竭踏上归途。三个城市,无数个小地点之间的关系听起来很奇怪,行程完全没有一般的地理学逻辑,但是这趟二十四小时内的旅行,每一分钟都千真万确,有不同的机场、地铁线路、汽车站和公车亭。体会到冰冷的理性才导致的巨大位移的意义,以及渺小肉体与此有着什么样的距离。

两次跨越三个小时的时差,清晨出发,深夜回家,看到云上的日出和日落。还记得在身心极疲惫时，看见了飞机舷窗外黑暗大地上金色的灯光。忽然回过头来，身边是满满一舱的光明，盛大而脆弱。在那一刻，三万尺下人的世界是如此遥远，而周遭陌生人的欢乐又是那般不真实。一架飞机就像一座歌剧院，不，应该是一座教堂，无论是就它的空间，还是就它带来的感受而言。

条件适宜，其他的交通工具或交通设施想必也一样。

树

树是最常见的东西，但又时常被无情地忽略。人们不会忘记自己家的门牌号，但是往往记不住窗外究竟有几棵树。

除了业余时间写作，我的职业是建筑师——建筑，总是骄傲的存在，仿佛他们才配有大写的名姓，比如一个独立的地址，像××路××号。印象中，只有一位日本建筑师，石上纯也，充分领略了个别的树的魅力：实际上，每一棵树都有自己的生命和个性，在日本栃木县北边的那须山山脚下，有一片森林，他仔细研究了因为工程要搬迁的318棵树，把它们整体地、但是一一地搬迁到了另外一个地方，确保它们各得其所——实际上，这么干着实不便宜，看上去，搬迁后的树林比原来还要风姿绰约，但是围绕着它们都细心地挖掘了水池，铺设了水管，整片树林看起来自然，实则是个大盆景。

1

在我居住的地方,也有这样一片树林。我闹不太清楚,为什么在寸土寸金的地方,这样大的一片树林居然没有用于任何建设,被规整成哪怕一个像样点的设计。询问附近的居民,也说不大明白,不过,不是完全没线索——大约在本世纪初,著名的物理学家杨振宁回归祖国,因此学校给他在这个树林附近修建了一套白色小楼居住,小楼连接着同样和学校的国际交流有关的陈赛蒙斯楼,建筑样式平易,位置布局低调。我猜,树林的存在与此有关。不管是想让国际交流有个幽静环境不受打扰,还是一时没顾得上给它赋予什么高大上的功能,现在这个状态可能更好。

在疫情期间,巫鸿老师写了一篇《普林斯顿树林》的文章,我的想法多了一些参照。和巫老师一样,杨振宁先生曾经在普林斯顿树林居住,实际那是一片"高等研究院"附近的野树林。这个世界有名的机构曾经吸引了一大片包括爱因斯坦在内的

杰出学者,树林中的散步是他们的日常:

> 最喜欢的是其中宽窄不一的林中小路,有
> 的弯弯曲曲,有的相对开敞,有的忽然消失,有
> 的泥泞不堪。动物不多但总有鸟声相随,几头
> 小鹿偶尔会蹿出来,突然顿下,转过头,睁着天
> 真的大眼看着两条腿的来客⋯⋯

我家附近的树林绝没有那么大,普林斯顿的树林穿过去要三十分钟,我们这可能三分钟就够了。看上去,树林可能是阵列式种植的产物,它夹在林徽因参与规划设计的胜因院(树林西边)、清华园最早的职工宿舍照澜院(北边)、梁思成林徽因夫妇居住的新林院(东边),和普吉院(南边)之间,范围方方正正,并不像纯野生的,只是年久日长,难免出现外来户,野生树种包括高大的构树,还间杂有五角枫、银杏。乍看起来,它就是一个小世界,在密密麻麻的各时期的平房、楼房、西式、中式的人造痕迹之间,安然自适。

这里让人着迷,因为我生活的世界里,如此缺乏“中心思想”的事物并不算多。时间长了,我简直

都认得每一棵树,每一棵树都不一样。有天我冒出
一个想法:能不能为它们每一棵都写一个故事?

　　我写过一本类似的书,先后在法国和中国出
版。中欧文化交流基金赞助了这个两国合作的项
目,出版者本着对话的初衷,希望我谈谈中国文化
对于"树"这样事物的看法。另有一位研究中世纪
森林史的学者写了书的另一半。写到中途,我忽然
觉得,我不该只是谈论抽象的、没有实际主语的"看
法",相反每一棵树都应该有自己的视角,这样我就
分别编造了"五棵树的故事",除了一些细节和中国
文化(建筑、工艺、文学)有关,树的故事,是从它们
各自的愿望出发的:一棵树,是要生活在远古的森
林里,和其他的蕨类植物为伍,还是自愿被砍伐,成
为辉煌殿堂的一角?

　　书很受欢迎,至少是些生动的故事。以至于人
们忘了,从介绍文化的角度,本书不该有太多虚构
的成分。实际上就写作本身的规律而言,当你要同
时关心很多人的时候,你不得不开始编故事,因为
你不可能了解那么多事情。这,也许是某些很特别
的文学的价值,至少和起承转合密丝合缝的好莱坞
电影不太一样。这些文学包括莫名其妙地从一个

故事跳跃到另一个的《一千零一夜》,比如中国古代
絮絮叨叨的章回小说,甚至,还有大都会人今天习
惯在手机上阅读的那些很破碎的信息——我指的
是它们的整体。

这些文学自有它们的价值,每一个局部也许都
很无聊,但是合在一起就结成迷宫般的结构,深奥
又清晰:你不可能为一片森林找寻什么"中心思
想";与此同时,当一个人走进这片森林,找个地方
坐下来,你自然就有了一个中心,以及一条明明白
白的理解这片森林的路径,不管你是打算用三十分
钟还是三分钟穿越。

树林不大,但也不小,一棵棵数不过来。真的
要给几百几千棵树写个小说不是件容易的事。有
一天,我请我教授的景观学系的学生就这片野树林
做个"一棵树的设计"。要求如下:

1. 记录这棵树可见的所有基本空间信息,
符合建筑制图的基本原理(需要有比例尺和准
确尺寸信息,尽量是矢量格式不是速写,也可
选择反映树的主要特征的精细素描);

2. 要在地图上准确定位你选择的树;

3. 要有准确的生物学和植物学信息；

4. 设计步骤中最重要的一点：如何赋予这棵树某种可识别性，但不破坏周边景观——类似找到一个有个性的人，但不要让他孤立在人群之外……

对于强调创造性又务求现实的设计学科而言，以上要求并不是空话。比如，你如果真的要给一棵树画像，意味着要想办法"看到"树的高端部分，并选择合适的方式显现它的全体。人们通常会低估一棵能轻松长到五六层楼高的树，实际上相对于它的高度而言，树很细，比如最高的北美红杉有115.92米，树干的直径虽然达4.8米，只是它的高度的二十分之一不到。很多看上去很柔弱的树，能够以单薄的胸径，长到惊人的高度，对于绞尽脑汁琢磨人造结构的建筑师而言，是大开脑洞的，毕竟你用一根木杆立不起来这么高。树干的材料学费人思量，树和树在高空握手，不知道是否在那轻盈的相触中，它们才造就了一种精巧又坚固的结构，寻常暴风难以摧毁。

2

　　所以单独拎出一棵树来设计的点子有新意。建筑学家亚历山大（Christopher Alexander）说，"城市不是一棵树"（"A city is not a tree"），我的一位读者很认真地提出了对这个翻译的疑惑，他问：这里"tree"是图论（Graph Theory）中的一个概念吧？（连通且无圈的图）。因而，他认为，或许把数词和量词去掉，译成"城市不是树"更合适一些？

　　也难怪，城市被加上冠词表述，"一座城市"总会有歧义，它是奇怪的作为整体的单数（"a" city）；就像《城市设计》的作者埃德蒙・培根（Edmund Bacon），他有一句最著名的评论中国城市的话："北京可能是人类在地球上最伟大的单一作品。"（possibly the greatest single work of man on the face of the earth）当他说"不是……"的时候，亚历山大否定的也许是"一个"，也许是"树"，总之城市很难和单一方向、平行线等联系在一起。

　　因此，历史中很少有"一棵树"被单独提起。历史总是复数,不过绝不是没有"单数"化身为集体的表征,著名的创世故事中到底还是浮现了"一棵树",让人觉得神秘莫测。

比如长安,中国历史上最大的城市,"最初的一棵树":

> 隋文帝长安朝堂,即旧杨兴村,村门大树今见在。初,周代有异僧,号为枨公,言词恍惚,后多有验。时村人于此树下集言议,枨公忽来逐之,曰:"此天子坐处,汝等何故居此?"(《太平广记·征应》)

大树摇曳,标识了两种完全不同的空间形态——村"门"(树荫下可供穿行的洞)和朝"堂"(树荫占据的面积)。它是一座建筑,也是一个形态不详的地点,是一处空间,同时又是一个由此及彼的节点——门关闭时,可能也是一段路程的终点。相应的,这棵树未来也许成就了一个巨大的集体的空间,但是它同样象征了一个从无到有,再由盛而衰的历程。

在中国历史上这样的情形也是罕见的——在

"木""林""森"的文字丛林里，找出一棵有特征的树，就好像在后世形形色色的城市地图里找到一座真实的房子那般困难，难得的是，大兴村的这棵树并不是宫门的代指，它并不和别的什么外物对称，而是独立存在，独一无二的"天子坐处"只能附会成皇帝本身的处所，既是他肉身的物化，又构成他最初存在的情境。

能够担当起这样不寻常使命的村门大树是不一般的，它隐隐约约地提示着中国古代城市中"自然"和"人工"彼此反转的奇怪纠葛，一般的"起于草莽"的逻辑——这棵树最有可能是槐树，或者是隋唐长安常见的另一种树，杨树，这两种高树冠的树看起来都像是天子乘坐车骑的伞盖（或者，是倒过来，人类世界的权势需要在自然中找到一种象征物），是三公九卿的坐处和他们的替代物。

就连建筑师本人的命运也和这棵树联系在一起。提议抛弃北周的旧都重建大兴城的核心人物之一高颎，据说，就出生在高达百尺如同伞盖的柳树下面，按照迷信的说法，这是预示着"贵人"的出现。除了是一位杰出的政治家和军事家，高颎又兼任将作大匠，在规划大兴城的时候，他便坐在村门树下现场工作。除此之外,这棵树在视觉上的重要性还有另一层含义,因为整个城市都是以皇宫(大兴宫)的尺寸为模数所决定的,由此点(宫门)往北,加上城市道路的尺寸,确定了大兴城南北长度的单位,由此点各自往东和往西,大兴宫宽度的二分之一,也即城市道路,确定的是城市东西的模数。

因此,这棵村门树毫无疑问是整个城市规划的起点,重要性可想而知。即使后来它已经"不在行列",也被隋文帝下令特地保留,因了尊重高颎的名义(在不同的版本里,是尊重同样曾坐在树下的"高祖"的名义)——这棵树不需要别人来标记它,它自己就标记了一个神圣的位置:

> 西京朝堂北头有大槐树,隋曰唐兴村门首。文皇帝移长安城,将作大匠高颎常坐此树下检校。后栽树行不正,欲去之,帝曰:"高颎坐此树下,不须杀之。"(《朝野佥载·卷一》)

"不在位置上"也不见得就一定不重要。有时候,"一棵树"也以反面教材的身份出现,鼎鼎大名的"独柳树",是长安不多的刑场的代称。"斩于独柳之下",死去的不是豪杰就是大大的罪人。

由此想到,不管《朝野金载》中的"高颍"是否是"高祖"之误,高颍有冒领坐在最重要的那棵树下的大大的荣耀的嫌疑,已经承担了死于独柳之下的风险。事实上,不管隋文帝对高颍是真情还是假意,历史上,他的儿子隋炀帝最终杀害了高颍,流放了他的全家。

无独有偶,后世的城市创生神话中,村门树再次出现了,只是隋文帝和高颍换成了元世祖和刘秉忠,后者,据信是大都城,也就是今日北京最初的设计者——叙说元大都掌故的《析津志》中,正是提到了这样的"一棵树",同样拦在路的中央,它也领受了大大的荣耀:

> 世祖建都之时,问于刘太保秉忠定大内方向,秉忠以今丽正门外第三桥南一树为向以对,上制可,遂封为独树将军,赐以金牌。

北京从哪里开始的?这个重要的问题甚至也涉及"一棵树"的故事。

3

因为我的学生上交的作业,我甚至知道了某棵树的准确位置,在北京最有名的学府中的一个不起眼的角落,经度:116.317608;纬度:39.997058。你在地图软件里输入这个数据,就能找到他说的这棵树,比一个银行营业部的大门地址还要精确。

围绕这棵树会发生什么吗?未来也许在这里会拔起雄伟的建筑和阔气的大门,但是目前看来还不太可能。因为周围的一切都那么有名,短期内很难想象有必要再起炉灶,因此即使这棵树从树林之中脱颖而出,它的意义还是得依靠它的伙伴,它们相互说明:"一棵是枣树,另一棵还是枣树。"

这里毕竟不是普林斯顿,杨振宁久不见来居住了。在疫情期间,这片野树林更多是充满了日常的又萧条的气息。假如长安的独柳树长在这里,霸气也会荡然无存——你尽可以知道有关它的知识:一种在东北、华北、西北都有分布的植物,拉丁学名 *Salix matsudana Koidz*,植物界被子植物门木兰纲金虎尾目杨柳科柳属（这些我先前都完全不了解）……但是骑着电动车天天从这里经过的人，看都不会多看它一眼；没有梅花鹿，会像普林斯顿树林中那样从灰蓝色的雾气中跃出。

我能说得出的树的知识，也就是它是否暮春飘絮惹人烦嫌，或者是否具有较低较浓密的树冠，即使在木叶飘零的冬天，这种树也遮挡了一部分你的视线。树木依于地形微有坡坎，但是极少会有什么人，没事会从树林里深一脚浅一脚地走过。

乍看起来只有一条路斜穿过这片树林。也就是因为疫情的原因，我爱上了从树林里穿行，它不同于那些乌泱泱人群密集的广场，越走，越有兴味。路确实不好走，高高低低，土质软硬不同，尤其在冬春的日子，或是雨雪后不久，不小心会踩进一摊泥淖。但是多走几次，活活让我走出了感觉。我发觉，林中不止一条岔道，应该是和我一样的人走出的，也许是为了过来晨练、午休、逃避什么……或者干脆只是吸一口闷烟的——你不会远远看到这些路，只有你理解了它们形成的原因，理解了日常走过这些路的人的习惯，你才会辨别出路土颜色和周边些许的不同。

　　似乎是为了肯定我的猜测，道路的尽头，有时会谜一般地停着一辆自行车，很久都没有开锁了，车的坐垫和挡泥板上有厚厚的一层灰；有时，树枝上居然挂着一个塑料袋，不是装垃圾的，因为里面放着一些生活用品，显然还会有人来取。不仅如此，任何一片人工的东西：树干上的刻痕，残破的旗帜，胶带粘贴的一张纸，都可以暂时标记出一个中心，构造出小小的但是启人想象的秩序，使你忍不住猜想，在脑海中编造出某个故事。

　　我忘却了自己不那么熟悉的树木的植物学属性，想起来我要求设计课的学生做到的设计要点：如何赋予这棵树某种可识别性，但又不至于破坏周边景观？我感到，这是某些像鹿一样出没在林间的真实的人，我其实已经在树林中找到他们了，只是他们在人群中时我决计认不出来。

　　我不曾真的碰见过这些人，课程的学生住得较远，更不大会每天观察这片树林。但他们对于作业的热情出乎我的意料。由于他们的观察不同于我的观察，我重新发现了这片树林，间接地，也从中学到了林中人的特征和线索。这大概是意料之外，但又是意料之中的收获。

一位同学曾子轩在树林中认出来一棵小叶黄杨(*Buxus sinica*,原亚种),它是被子植物门,双子叶植物纲,原始花被亚纲,无患子目,黄杨亚目,黄杨科,黄杨属,"……是自由生长的,而非如传统被修剪过的",占地面积约 3 平方米。他接着说,"……其他信息,对于自然生长的小叶黄杨并不重要"。换一个语境,这种树也可以成为景观树种。

陈明鑫找到的是一棵构树(*Broussonetia papyrifera*),是桑科构属植物,也叫楮树、穀(音构)树。陶思言找到的树是美国红梣(*Fraxinus pennsylvanica*),更通俗的名字叫做"洋白蜡",它的特征是:"叶薄革质,阔椭圆形或阔卵形,长 7—10 毫米,宽 5—7 毫米,叶面无光或光亮,侧脉明显凸出;蒴果长 6—7 毫米。"

佟思明观察到,她的那棵小树在树林一片"林窗"的边缘,"林窗"给予一个人观看的进深空间,可以让他观察到树木高处的枝条全貌,这样才能绘制出即使一棵小树的"立面图"。它是一棵银杏树,与组成林窗边缘的其他高大乔木相比很不一样,佟思明以生动的笔调,描述了它的特别之处:"……1.它很细弱很年轻;2.它是从南侧走入杂木林后看到的第一棵银杏树；3. 形态特征上，银杏树并不是北京常见的杂木品种，它没有构树、椿树这些常见杂木品种随形就势的生存能力。它有笔直的无分支的主干，而这课银杏树似乎因为需要特别寻找阳光，笔直的主干倾斜生长，但依旧笔直，在杂木林弯曲多变的枝形间，一眼就能看到它……"

思明接着讨论道：

> ……从这棵银杏开始向北望，另外还有两棵细弱的银杏和它形成一条直线。这一特征很特殊，引发了我对这片杂木林形成过程的反思。这里原来是什么地方？

4

"这里原来是什么地方？"这个问题属于一首自然史的诗歌——有一部分学者不同意把 natural history 这个说法翻译成"自然史"，理由是这里的 history 原意只是"探究"而不是现代人所说的"历史"的意思,罗马人老普林尼(Pliny the Elder, 23—79)的 *Historia Naturalis* 是一本博物学的著作。但是,无论如何,"这里原来是什么地方?"的发问,已经包含了一种反思,有关由自然到人文的转换过程,它在矛盾中也产生某种意义。在我们的语境中,自然—历史的对立足以说明这种过程的本质:今日的风景,不管它们看起来如何有野趣,其实是这种过程必然的结果。

树林所在的"照澜院",听起来非常古雅的名字,其实原名是"旧南院",那么一定还有"新南院"——名字雅化后,现在叫作"新林院",同样,使人联想起六朝诗歌里常见的"新林浦"一类。也许这一切都造成了某种错觉,最初命名这些地方的人也许没有那么风雅,不过他们多多少少改变了这个原本富于野趣的地方的基本面貌,也许就是他们,留下了足以让后人遐想的三棵银杏树——比长安的村门树或者独柳树多两棵,比鲁迅的枣树多一棵:

银杏不是杂木品种,那是有意种植的,这三棵银杏组成的林中这条隐约的直线预示着,这里[过去]可能是一处广场和绿地的交界处，银杏可能是[曾经有过的道路的]行道树？

假如这三棵树印证了如此的"自然史"的部分史实，那么，过去构造的"第二自然"当然可以让今天的观察者察觉，和佟思明发现的"林窗"吻合。但是当周围的一切都变得高度人工的时候，这一切奇怪地又回到了原点，她推论说："……这个貌似杂乱无章的树林可能在缓慢发生这样一件事：自然的力量在模糊这里曾经的历史，历史的痕迹微弱可循，自然在以它自身的力量成为叙事的主体……"

我不清楚最后一句话是否足够准确，因为从历史（某种叙事）又回到了自然，叙事是否还有着某种主体可言？即使有，也是我们这些看起来穷极无聊的人的遐想。从学生交上来的作业中，我了解到即使常见的枫树，也有被我忽略的知识：据说，"枫"是因为风吹过树叶儿哗哗作响——虽然"枫"这个字的右半边确实是"风"，符合形声会意的造字原理，听起来，这到底过于像个小视频中没根据的段子了。

无论如何，我写过的树无不是从"叙事"的动机开始的。除了著名的能在历史上留下身影的树,我觉得,个体的树每一棵都要有它独特的情节,不仅关于树,而且关于人。这不是科学,甚至也无关设计,而是文学了。

在"五棵树的故事"中:第一棵树,我特地让时间停在了史前的森林中,自然重视的还是"生",而且是南方榕树般的,让人惊叹的群生能力,那种无穷无尽蔓生出来的能力,由一到多,我写的是树和树林的"开始";第二棵树,写了铁佛寺中一棵被制成佛像的树木,因看花少女因缘的"重生",除了"死去再来",更好听的说法是"生命循环",就算是人也有这样的愿望,要不我们怎么叫作"碳基生命"? 这棵树写的是树的生命的"延续";第三棵树,关于一棵成为良材的美木,变成了长安城里的木头机器人,它的悲欢命运,归根结底,是关于生命的"骄傲";第四棵树直接和美好年华的少女发生了(幻想中的或者真实的)对话;最后一棵树,侧重的是"形态"和"时间"的关系,由树那种叹为观止的几何组成,直到扭曲时空的"树洞"(虫洞)里的槐树国之梦。

槐树,正是隋唐长安最著名的树种,也是村门树最可能的树种,最适合充当那种人生大梦的载体。行列整齐如"槐衙",是帝国首都的门面,大树虽然貌似雄壮,它的里面却是空心的——年轻的时候,我并没有读出钱钟书《槐聚诗存》书题中悲怆的意味。

不过,最后一个学生的作业让我吃惊:在树林中,他居然挑出了一棵明显生病了的树,真的已经空心了,是阳光穿过树干上的孔洞,才让他注意到它。

柴金崇找到了那棵椴树,并不是因为它的形态、树种或者位置,而是因为它看似平平无奇,但如果稍一留心,"便可发现是明显生病了的树"。这病并非外表黄叶残枝,它的周身布满了孔洞,密密麻麻,"不知道是啄木鸟还是虫子留下的手笔"。

沐浴在阳光下,布满孔洞的树身产生了丰富而易于变化的光影,这样它就更容易被人们找到。看到此处我特地去找这棵树,但是并没有找到。下面,是金崇所写的有关这棵"病树"的自述:

　　　　我们在白天的喧嚣里还可以用忙碌来麻木自己,但是在夜深人静的时候,这种缺失而产生的惘然便会悄悄地顺着空洞蔓延开来,融入这无边的暗夜之中。这片无人关注的野树林,晚上黑漆漆也鲜有灯光,我的[设计]想法是,在黑夜里使得光从树干内出发,通过密密麻麻的孔洞,射入漆黑树林,使得这棵"树"缺失的惘然,化作束束光线,投进树林,点点光斑被这片树林所感知。等到白日的喧嚣掩埋黑夜的沉寂,它又变回一棵普通的小椴树,生长在一片野化树林之中。

如果疫情永远不会结束,在这封闭的园中,我们好留住更多的学生,也许可以吸引他们,来和我共同写这一千棵树的故事。也许,我甚至会通过他们的观察,最终认识所有来往于这片树林的人。然而,最后这个学生的设想打乱了我的思绪:某一棵树的消亡意味着什么? 我不敢想,因为我的故事终归是关于"树林"的,是从一棵树到下一棵树,即使某一棵树的死亡也会导向重生。我的"五棵树的故事"的开头,就是讲了一个种树人挽救北方荒原上即将枯死的树。

但是空心的树徒然变成静态的"艺术",让我想到了一个可怕的，扼杀所有故事的结局。未来，只有"艺术"而没有生命，会不会导致一种像新冠那样的传染病的流行，城市的一部分空间会不会连一棵树也不再有？

*　　*　　*

最后，我惦记我家门口的树林，有个非常个人化的原因。我的一只小猫埋在树林里，我并不想知道是哪一棵树。因为风吹过的时候，整片树林都在为它唱歌。

风景·园林·公园

哪怕是最小的城市都不缺一座"人民公园"——如果放宽要求，每个小区、每个街道也有。它最不需要什么设计，但是又是城市最难理解的东西，貌似多余。

清晨，现实拉开了帷幕，城市正在上演。

盛夏时节，北京的大街上总有些酷热难耐。当艺术史家巫鸿走进紫竹院公园的大铁门，却仿佛到了另外一个世界。这里大部分人（尤其是在早上6点到9点）都是来"养生"的。这个出自庄子的文雅词语，今天和它的初衷已经不大般配了——公园基本没有清净的角落：水边山坡、开阔空地、竹林深处，"养生"到处多彩多姿：唱歌、唱戏、吹葫芦笙、交谊舞、踢踏舞、红绸舞、现代舞、扇子舞、踢毽子、斗箜篌、跳绳、耍钢圈，更不要说还有传统武术，打拳、舞刀、舞剑以及太极云手。他们还会集体大喊大叫——据说，这也有"养生"功能。

公园因此是某种现代"园林"无疑，不必太湖石加假山，甚至都不一定要养金鱼，有个拙劣的水泥雕塑。它最基本的定义就是一块可观的空地，内向，维护不必太好。这样，草啊树啊，才能从随便什么地方，变化万千地伸张出来，也从城市人的烦闷中伸张出来。"进步"偶然也需要"落后"陪衬。于是，谢天谢地，小城的公园纵破败也没消失，这里依然有19世纪质地的生活，混杂着21世纪练达的人情。

"人民公园"又是所有园林中最像公园的，它们的确是用来玩的而不是看的。当代城市已经充满各种景观（spectacle，更好译作"奇观"），只求讨好眼睛；这些近在咫尺却无法理解的生活，却不是简单景观，而是历史久远的风景——不管它挤满了几台广场舞，还是仅有闹哄哄的人群。风景造就了园林，园林在人声沸火里熬成了公园，这风景最终和每一个城市人有关：它们总是半专业地开始，纯业余地结束。它们应现代而生，骨子里却又反现代。

风景之始

关于公园，你要回到"最初"的那一个。

从设计角度出发，人们提起的常是些小公园，或者大公园里经意设计的一角。纽约曼哈顿有很多这样的"背心口袋"式的小空间，比如中城的帕里公园（Parley Park）。作为一种"室外的房间"，它们不是公共当局的土地，也绝非无主。它们通常是由热心人捐给城市，然后改成一类"城巢"（urban alcove）让路人使用的。很多时候，他们出现在貌似不可能的都市密度中，呈现出让人惊讶的无功利的空白，以及同样让人印象深刻的都会式样的温暖。

帕里公园以精彩的水墙、温馨的植栽和一点都不偷工减料的设计品质的休息椅引领了潮流，它看上去不像是街道开放空间，而是自家后院。另外一些"通过"式的小园则贯穿南北街区，在大城市里，它们试图让人们抄近路时体会到徘徊香径的愉悦。

我们讨论的现代中国公园完全不同。风景到公园，首先是一次产权转让，并且，不好是所有园林都能转让给城市，成为城市的一部分。普通人初次意识到园林的存在，也就是它们由"旧宫""遗址""燕游地"……纷纷变成"人民的"时刻，城市里的这些无主地，是第一批养生基地的由来，它们不算彻头彻尾的荒野，但也并未被繁盛的人工彻底消化。

这些城市首先包括西安，北京……它们的城墙根、旧时上苑、大红门……杂乱的点、线、面，置换成了可以衡量的面积。关于"场所"（loci）的重点，中国传统真心是放在这个灰色空间里的，不管是城市中还是城市外都不乏"风景"，却和上面提到的，资本主义世界里陌生化的"景观"不同——它们原本是有"人"的：朱门凤阙，全系家国变命的布景，亭台楼阁度量了寒薄的气运。正是时间赋予了变化的维度，风景园林公园才共同倾注了人类的感性和感情。活生生的市井画面，同时也是公子王孙的行止，忠臣孽子的事迹。只是废园不一定有显眼的纪念碑，菜市口受刑后的尸身，乱糟糟地扔在荒岗衡门之侧了。

不知不觉中，不是所有人都记得这一切了……

传说故事让位于市政规划，私人世界必成公共领域。那些真正隐秘的向内收缩，变成一般人注意

不到的记忆的深渊；那些接近"开放空间"的，新的
定义是一块白地，公园只适合游览，是一次性的，它
们被彻底腾空，排除了棚屋、地产、大型建设、夜宿
者、24 小时经济……在其中厝身的可能，它们不再
内容饱满，但仍因凌乱的残壳备受瞩目。因为这种
特殊的出身，公园，无论大小，并非像它表面那样公
共、公开。

　　要考察园林的起源，还要去北方城市，尤其是
偏远的小城市。在那里，还有些地方未及进化为外
滩公园，也和前清苑囿的尊贵气质毫不沾边。在那
里，土地自身就可以成为景致，就像真正的太湖石
假山无需雕琢，比起当代小区里那点稚拙的公共雕
塑，它们更贴合风景艺术的本质。尤其是有点地形
的地方，一旦暴露在城市人的目光下，登时涌现出
模棱两可的"看点"，仿佛有谁设计过的一样，再看，
又恢复了浑然天成。夕阳下一个个金色的土丘，有
时会被误解为某种人工构物，不及一一确认。

　　没错，在一些著名的例子里，风景就是荒城剩
余的部分，即便大都会有时仍能看到。比如郑州市
中心挖掘出来的"王城岗"；或者，昔日的基础设施
像蒙古人在大都的土城墙，现在，更适合站在铁栅

栏后面，一个"××保护单位"的铁牌子旁边——如果我们追溯到上古，可能就是某种根深蒂固的心理，反映隐秘的，但更普遍的人性。来自有着"丛台公园"的城市，那里人告诉我，河北话里，"丘"有着特殊的含义，少年而殇的人暂不下葬，就会"丘"在路边。北京有如此多毫不避讳的地名，"公主坟""八王坟""索家坟""铁狮子坟"……联想起历史上"京观"的现象，也就是杀害敌俘，将他们的人头垒成土台做祭的血腥传统，"望""京"，两个平淡无奇的字，在此都现出它们最原始的含义——"景"和"京"，都可以"看"。

在七月的骄阳下，黄土已晒成了一片干燥的白地。空气是如此干燥，以至于汗水渗出来以后很快又成了盐花，野草中苍蝇都没几个。某年某月，正是在这样一个公园之中，我走到一座古堡的最北端，这里高起的土垒上，原有过一座"阎王庙"。在草原边缘的汉族城市中，这样的情形并不少见，不为人注意。如果建筑一旦遭推倒，千万个这样的荒丘，自然成就了无名的风景，并不可歌可泣，不过代表了文明—自然之间暧昧的地带，或者就像1和0，二者总有互相转换的可能：在北方小城未来得及收拾的圩场,你也常会看到如此的景象:一座摇摇欲坠的庙宇,就紧挨着一片空旷的弃地,中间顶多只有几丛遮不住视线的荆棘,仿佛一个堂皇的象征,早为自己找好了下个百年的坟场——是一个或多个瓦砾堆。注意,必须"就近"。

这便涉及园林里最基本的"建筑材料":既包括"材料"这个词的本义,也指向空间建构基本的逻辑,这种物质循环,本身就构成园林的起源。在不锈钢的扶手异军突起之前,木和砖,还是园林里最常见的建筑材料,连石头都不算——因为石头毕竟还有些昂贵,难以贴近更平凡的想象,也因为石头无法融入从实到无的物质循环。

若非几块踩坏的地坪,一处掰断的栏杆,你不会觉得是在一座你熟悉的公园中。不管最终朽坏消失的木头,还是土质略有区别的砖块,它们都回应着大地无声的召唤,是中国人来自尘土终归尘土的生命寓言的物证:就像园林本身,取于自然,但是又不尽能消化为自然的一部分。单块碎砖,一根断木,留下的不是任何华丽的形象,而是个体和集体、短暂与长久关系生动的图解:这无名的"个体",因为留下了可以辨别的个人特征,一下变得生动:在幽灵般的过去的"现场",只是可能有一个无名的瞬间,发生了不同寻常的事变。

一边是过去一边是现时,一边是想象一边是现实,在时间和空间双重的对称性里园林由此诞生。园林也由此化身为现代人生活的一部分:一边是城市,一边是公园。

南方的公园只是情调略有不同。不再是红尘滚滚,漫天黄沙——"京洛多风尘,素衣化为缁"——在南方的公园里,往往多了河沟,湖水,秋冬树木常青,但风里来泥里去的逻辑并无两样:"一切坚实的都已消融",但是变化的幻境又立刻凝聚成新的现实。园林,原本包括居住、生产、繁育……现在涵盖娱乐、健康、社区……其实就是城市的一部分,并无两样,不过是被一道边界明确排除出去的部分,可以体现"变化":一个有其出入的桃源世界,或者是一次充满期待的穿越。它使我想起小时候家乡的县城,自然和人工还势均力敌,建设和管制的双重缺漏,为"人约黄昏后"提供了想象的空白,只是情侣们需要小心两件事:脚下的狗粪,和狗一样嗅觉灵敏的"联防"队员。

在南方无名的公园,埋葬的如不是土窑址,一样也有料器场，过往的可能没有千年古刹，榕树下面，却是面目鲜明，却说不出名目的众多怪力乱神，垃圾堆里刨出的是更精细的瓷片，密林围定面目更模糊的生活……在密林之中，人工的绿色弥漫着，也许制造永恒自然的假象，一种貌似安宁平和、万物生长的错觉，周围明白无误，却是虎视眈眈的城市，大树往往长在千百年的夯土废墟上——更准确地说，千百年的雨水和种子，是浇漓在无数代人的血肉之躯上。无论何处的脚下，绝非真的是一片白地。南方城市的公园因此肥沃并且阴郁。

步入现代，以上的园林也许小有设计，意在"正规"，强化了它所属单位占有编制的价值，突出了异托邦（heterotopia）和现实的边界。它最精彩的工程是声势浩大的围墙，但是真正的责任人时常提前下班，24小时管理人民公园的更好是"自然"。冬天少有人来，一场春雨过后，春草渐盛，春泥渐深，竣工未及使用的公园管理处，突然就沧桑了——因为没有及时设置合适的雨水出口，被囚禁的自然，在刻意的容器中肆意漫涨，越过了设计者为它设置的边界。玻璃的反光，或疏或密的树篱，摇摇欲坠并不严实的围墙，隔绝了真实的建筑立面，同时为想象打开一扇通向无处的门,把观察者抛掷在园林的这一边。而"那一边"既是真实的也是虚构的,能够倒映出城市人心灵的风景,是被刻意隔绝在里面的世界暂时的废墟状态映衬出来的。

被园林设计简单却不彻底的透明性糊弄的眼睛,到达的是一重重空间的幻境:玻璃、围墙或是铁门上涂满的泥痕,像感官世界里涌起的排天巨浪,同时代表着空间和象征着时间。两重幻境相乘,才等于你在园林中将要看到的,或者说你愿意相信的。

历史的园林的历史

公园绝非空无一人。既然昔日荒丘可以收费排队,太湖中打捞的石头能成景点,人头"京观"曾经大大可看,人满为患也不失为当代的风景——你大可在手机上每天预约一个公园,去欣赏这样从不缺席的风景。但公园作为园林的价值,依然体现在从公共空间到秘境的合理有度的转换中,就像科学家做的实验:老鼠数目拥挤到一定程度,鼠群的繁殖率和生命力反而下降了——园林中的"社会"也是如此。

　　建议你晚上去逛逛公园,不仅因此时大多数景点都免费开放,向居民而非游客开放。白天宜"看",晚上适合"游",因为只有在夜晚的梦境里,白昼的那些嘈杂和噪声才会被黑暗过滤掉,一切现实的不圆满,都让位于梦想中的幻境极致。

　　园林之中,如时光倒流。

　　在人气鼎沸物欲声色的世界里,纵有鬼影幢幢也吓不着人,当代城市更是人比鬼多了——"传统"是鬼,是看不见的"现代"之前的往生和万千幽灵。如前所述,不管是瓦砾堆还是神圣的庙宇,我们已经与之隔膜,倍感陌生了。适当往回拨动时针,将凭空生出想象,这情致现实之中不可能长存。那谁说了,注重物质的注定会很快朽灭——倒不是物质不如精神,而是有形的讲究都只能是眼前和局部,而一缕悠悠的魂气,哪儿也不沾,游游荡荡,好像还能长久。在密致的现实中园林因此立显特殊。

　　你的脚步就是那滴滴答答转动的时针。路线纵使单一,时钟却没有真正的终点,园林之中你很难找到漫游的目的,在难得清空的园路之中,唯一重要的只不过是去寻找:蛛丝,马迹。我们小的时候,中国城市的各个角落陆续铺上水泥路,很多调皮小孩,总喜欢在未干的路面上踩上一脚,想必是同样的心理,这些痕迹历经时间还会存留下来,类似于各种名胜古迹上模糊而久远的"××到此一游",细微的区别是前者保留了人肉身的痕迹,而后者注定只能是一种抽象的符号:"天津桥上无人识"。追随官方出版物里不可能有的这些印记,园林一角,也有了海德格尔论凡·高"农民鞋"的潜质,鞋印和鞋一样,它"……回响着大地无声的召唤"。

　　——这是一种日常生活的仪式,同样基于转换的机制。所以一座公园一定要去两次以上,一定要在不同的时间。如此,才有游客和本地的不同,时间中的两个点连起来才是路。

　　就像我的青年时代,特别喜欢的就是在晚上七八点钟,开放时间以外去颐和园。我们诡称是附近来游泳的居民,等待着门卫把大手一挥,对方料想黑暗中一定没什么可看,不值得撒谎,而我们却觉得这个时间园子里更好玩,有种独享的尊荣。可是一路寂寂无人,越爬越瘆得慌,从后湖径直往佛香阁,路过尚未修复的"买卖街",万寿山上各种说不上名目的景致,黑暗中四处伸展着如同万千神王。

一口气攀到高处,竟大大吃了一惊,月光洒过来,看到的是不同的一个公园,脚底下一大片银白色的湖水,像是月球的表面。

1764年10月,英国历史学家爱德华·吉本,《罗马帝国衰亡史》的作者,初次拜访他所研究的对象罗马,竟至潸然泪下,在沦为牛羊草场的"论坛"(Forum Romanum)区域,他"既不能释怀,也不能表达他强烈的情感"。其实,他的感动并不一定高于一个社区居民晚饭后散步的发现。虽然吉本绝非"小园香径独徘徊",后者脚下的也断不是什么"哲学家小径"。但是,在深层的风景探知的结构上,二者是类似的,没有主人的昆明湖和罗马的废墟,是被同一种月光照亮的。

心理学家弗洛伊德解释说,在帕拉迪尼山丘(Palatine Hills)旁,"一个观察者只需掉转他的视线,或是移步换位,就可以看到不可胜收的景致"(《文明和它的异见》),自然,吉本的眼前有满目的绿色爬满山野,海松(sea pine)虬曲的身段已经带来难忘的印象,但是还有这样的灵魂之问:"什么样的生命没有死亡只会永久地生长?"伟人的雕像露出废墟一角,揭示了比自然运转更动人的、脆弱的人类情感的纪念碑的存在。

"过去这里是什么样子?"在庸常的生活中一个普通人极少发问,但是他走进园林的那一刻,知识和经验永恒的冲突,也许会让他为此停留两三秒:某处地坪几块踩坏,栏杆一处薅断了,他会油然地想到:这里发生了什么? 单元楼中住家门前若有这样的事变,大概率他会去投诉小区物业,但是,园林毕竟不是他会时刻关心也将全面照管的所在,大多建筑经久难坏,公园失修却是常事。一旦踏入园路,再朴实的汉子,也会转入某种幻想的情境里,被带到平素不属于他的世界中:人们不一定会为帝王的命运鞠躬,后者难以真正不朽;但是一个人脑海中已经熟悉的日常,潜意识里总会成为他的世界的一部分,似乎是永久地生长着的公园又在不停地变得陌生,提醒他这个世界唯一永恒的东西是"变化"。

——"天若有情天亦老",会让最为铁石心肠的人也若有所失。

这个现象,或者说幻象,其实正是在对同一个公园的游历中彰明的,一潭死水般的生活,灵光闪现在园林的动观中。园林设计的基本原理是它的互文性,随着众多岔路的分歧,公园不再是一个,而是随着不同的人、时间、选择……变得不同,问题是一个游历于其中的人只能选择岔路中的一个,整体的和无始无终的园林最终又只能是个人的和某个时刻的:众多地点可能同时可见,但是对于一个人而言,它们同时只能有一个可达。在做出其中一个选择的同时,其他的选择自身也在发生着变化,等到他气喘吁吁赶到先前未选择的地点时,一切早已重新洗牌。

用不着吉本眼前的放牧场,背景中,也不必他听到的丘比特神庙中赤足修士的苦吟——自带各种声色的生活,本身也是使人印象深刻的废墟,这种废墟由每个人亲手造成,源自命运的残酷和缺憾。从整体的意义上看,每个人生活于其中的现实不会死亡,它将在时间中以接力的方式"永久地生长",残酷和缺憾,是对个体而言的,广场舞的热闹中,每天都有默默的消失者。上面说到了园林/公园角色的现代转换,在现实主义的城市中,公园既容纳了日常,又鼓励人们在现实和想象之间进行转换,生生灭灭。唯有缺乏目的的游历,才让一个人最低限度地疏离了自己的日常,既具体,又超脱。

——生活本身是一座巨大的公园,幻象和想象,是一个词不同词性的表达形式。就像弗洛伊德所建议的那样,"现在,让我们自由地想象一下……"

在空无他物的弃地,你能瞥见古都难得的蓝天,只要某个角度没有高楼和任何构筑物的阴影,就让人情不自禁回到了古代,想象激发了幻象。公园足够大,于是可以找到很多个这样使人遐想的地方——在更大的园林里走进一座想象中的小园,树荫间这一缕阳光如同闪电,照亮一位无名的女子从桥上走过。杨树下,仿佛不再是臭烘烘的垃圾河而是潺潺的流水,她由此走过,踏过桥面精美却枯燥的石刻,走向小园一角的白塔。

如果公园外的街声再沉寂点,画檐亭阁下的飞线可以消失,光阴回转的幻觉会更强烈些。漫游的时间长了,存在的一切都会变得更均匀,假想的现实愈发丰满。理解了公园这样事物中藏有的时间的隐喻,从这里起笔,你就不会纠缠那些表面的设计,甚至,会认识到流汗的夏日的傍晚那些吵闹的人群中埋藏的秘密。只有外面的喧嚣才能烘托内部的沉默,哪儿哪儿都是人满为患,只余这片空白才寂寞无人,在针尖大小地方,还要拿着放大镜认真地找,从外至里一遍,由里及外又是一遍……两者配合得心领神会,只有如龙车马,方才绕定了惨淡的斜阳凤阙。

即便缺失了古代的皇宫、教堂……当代城市中公园不可或缺,因为它依然是一座心灵世界的"宫阙",只不过没有体面的建筑。这里并不缺时代的音乐,因为四面都是吹拉弹唱的声响。茂林深苔,已辨不出时间在这耕种过多少回,识破星火流转,一刹那间,你还是要装作漫不经心地走下去:一切自古就有,一切行将重复。

冥冥中,还听到某声像是童年给我的熟悉的呼唤。

行走的公园

假如文明的历史不会销蚀,只会自动累积着增长,那么便不会有空间这回事。大多数情况下,正是靓丽的"新"才成就了无法弥补的"旧",公园只是一张随时可以清洗干净的绿色的地毯,它的特征都是二维的,只剩下不断更新的表面。

另一种理解有所不同。在我们这,"现代"带来了一种新近舶来的异国的空间实践,移植之后,"新"一夜间就覆盖了"旧","大量快速"。可是,我们发现了一种令人咋舌的周期律依然起作用,无论是形式还是使用,在"现代"被移植的环境中,建成不久的公园很快就"老"了,被怒长的现实和潮湿的雨雾所侵蚀,显示出一种难言的沧桑感。相应于吉本所看到的永恒的罗马,这群山一样的"新"越是累积得匆忙和轻易,它向下层层剥蚀的状况就越发斑驳奇瑰。

过去有了太湖石一般的品质,虽然什么都看不清,这些时间穿漏的孔洞,像海景别墅那般是充满了景儿(view)的所在。借境古意的现代公园,比如围着宋代建筑建起的上海松江的方塔园,不仅偶然使人想起过去,不仅因为现代建筑师重新"发现"了古代空间的一角,也因为任何公园不免是今古近于荒谬的对照,有人"山"人"海",而且是"乌蒙山连着山外山"……

　　公园无法逃脱这种宿命。在说了那么多有关古代园林的幽魅的事实之后，不谈这些被镜头忽略掉的东西是虚伪的。相反，正是有了这种盛大的自发演出，是在大庭广众之下，那些片段的、相对的有关公园的感受，才有了丰沛的根基和充实的内容。

　　中国国家体育场"鸟巢"的设计者、瑞士建筑师赫尔佐格和德梅隆，可能也充分地感受到了中国公园里的秘密：本质上，是意欲还魂的古代空间和当代喧闹的距离。据说，他们正是来过天坛公园之后，才有了他们在中国的、迄今最为人所知的建筑，"鸟巢"的完整空间灵感由此而发。在走过空旷的圜丘后，赫尔佐格和德梅隆发现了天坛公园里不见载于任何旅游手册的市民音乐会，迸发了独特的创作思路。在他们看来，"里面"的和"外面"的两种音乐的变奏，适足代表他们感兴趣而又消失不见的古老东方生活的现状，于是，在同样庄肃的伟大现代奥林匹克神庙的周边，他们加上了一圈想象中的"歌廊"，它是无声之侧的"有声"——不管这个想法的可行性如何，它实在是一个天才的公园意义的图解：一切公园都是用日常垫衬着礼仪，在过于空旷而不能聚拢人气的都市漠原，建筑师设置了一圈富于日常生活意义的防风林,就好像我们在一个荒村野店住下来,忽然听见了外面卖豆腐的声音那样安心。

有可能,赫尔佐格和德梅隆天真地认为,把这个概念也用到"鸟巢",构建一座"体育公园",就多少可以对冲国家体育场外如四环路般疾驰的现代生活了——在四环边上,就如同在大多数当代公园里,问题不是听得见听不见,而是"听不清",快速路上车辆巨大的呼啸,构成富有规则,却尖利使人心悸的背景声,足以驱离大多数小心脏的人类——话说,"鸟巢"后来已经真的被改造成演唱会的会场了,可是因为各种管制的原因,提着花色简易音响的老大爷、老大妈,却没有如约在舞台盛宴的"外围"出现,这两者实是不容易兼得:官方上演的生活戏剧,和建筑师看好的日常的歌队(chorus)不容易兼得。

就像桃红柳绿的古代风景一样,人的世界所构成的热闹,是不同文化的"耳朵"都能听懂的。这也就是公园最为奇妙的地方,如果景观不是单向的,必须彼此相望,互为"胜景",那么,过高的物质密度和过于旺盛的人气聚集的地方,也必然是风景。公园,园林的现代版,必然是一个圆,周回的游园路一般都是这么规划的,除了一种强大的自我循环的功能,它还是一个原理简单的景"观"的发生器,千万个彼此嵌套的罗马斗兽场。

尤其是在风雨交作的季节里,你特别容易看到公园真正的魅力。这并非否定了我们上面所说的属于"人"的风景的意义;相反,正如夜晚才能理解白天发生的事情,天气表明了公园不同于一般城市元素的特点。

首先是表明了这里并无一个"中心":仿佛一个无形的多岔路口,伦敦的特拉法加广场那样的多岔路口,你说不清自己到底要往何处去。尽管每个路牌都写明白了前方的选择,甚至这样的选择将导向更远的路标,但独立的空间说明不了全部的逻辑。有了导航装置之后,大部分人更是放弃了整体的世界观,不再关心漂亮规划图里的秩序。在公园任意的一个路口,你都只能看见部分的真相。如果一个人真的太在意各种指示的全貌,在公园中,他一定是拙于行动的,在数不清的拐弯里他会错过一个又一个入口。

公园路,最终,还取决于你能否找到正确的问路人。就像 2023 年,在成都双年展上我看见的那个以简单人形组成的互动作品一样,每个小人的变化都会引起整体的波动:人和人之间也有某种逻辑,友好、冷漠、热情、排斥、伪善……很难局部地获知每个逻辑对你的后果。在公园之中,大多数导航装置也不见得准确了,除了阅读通常也不管用的指路牌,你只能倒退到最基本的空间逻辑上去,选择信任或者不信任一个偶然遇见的人,他们倒过来对你也是一样。"继续走吧","就在前面没多远了","到了那你就会发现上当了"……这些不同的讯息,可能是由同一个陌生的路边人肯定或拒绝的眼神传达的。他看上去一点都没有那些匆匆过客的困扰,与此同时,他又与你似曾相识,因此友好或者排斥。

　　在不好的天气里体验公园,只有一个笨法子,打着一把破伞,你只有转过完整的周遭,才能看得见场地的情况。雨很大,但是风更大,它吹散了大颗的雨滴,将它们粉碎为细小的雨雾,头顶上的雨雾坠落至谷底,又化作更轻薄的袅袅雾气在头顶上升起。在高处没有方向的风,在不大的空间里搅和着这一切。就在身边的咫尺间,就算有一个有助于你获取方向感的中心，它也是一个无法辨认逾越的中心；只要向那边多走几步，一切便变得清晰，可是，身后你原熟悉的一切瞬时又模糊了，使得此刻和过去的联系变得脆弱。

——也就是说，在公园里没有什么正确的走路法，因为你竟始终无法获致一个确定的目标，无法确知事物的全貌。

雾是弥漫于空间中的，可是，它又是个人而局部的，它紧随着你，在以你为中心，以能见度为周径的尺度里，执拗地展现着它的存在。

就算车马隆隆，市声鼎沸，对公园里走错路的这一刻也不打紧。时间延长后，空间局部的困扰消失了，就像延时摄影抹去了镜头里多余的活动人形。在不远的园外，自古以来人类都在交换和争执中，他们是遥远的背景音乐，有时慷慨激烈，有时懒散拖沓。一个人此刻既在公园里快步走过，也就会在公园里永远走着。

结语:城市是什么?

城市是什么？这可能有两种解释。一种是属于小说家和诗人的，尤其是那些外国的文学家，单纯依靠语词，他们就为童年的我们构造了远超现实的城市：陀思妥耶夫斯基的圣彼得堡，雨果的巴黎……我从未怀疑过这些城市的存在，反正那时的我，从未奢望有一天真的看到它们长什么样。实际上，我初次拜访这些城市时还略感意外，因为它们比我能读到的要更光怪陆离，反差带来了另外一种反差，负负得正。

　　我首次发现这样"负负得正"的也就是怪诞而正常的中国城市，是在苏童的小说里长着枫杨树的故乡，他那略有点夸张的表述反而为我描绘了一个人性化的，宏大历史戏剧舞台之外的城市，和我切身感受到的故乡的现实接近。为了那些有吸引力的人物的缘故，我没有十分介意中国小说中同样存在的脸谱化的问题，那兴许就是文字和空间本质的差异，或者，文学中的古镇和收门票的景区的差异，本来就该比你想象中的要大得多。

　　你毋宁将以上差异解释为人性的一种需要。在没法出远门的那些个年代,你需要知道江南水乡塞外小城是这样那样,武汉、重庆、成都、深圳……最好各有各自鲜明的特点,真去旅游时,好在能把现实和想象对上号。政府工作报告里不吝赞美的名城,文旅视频中的网红博主所推送的,平遥、大同、淄博、泉州……也无非是这样的城市:不光是光鲜那一面需要被拔高,新的"元宇宙"也需要这种无中生有添油加醋的城市文学,无法无天的人工智能,将会生产出更多的这样的,让人发出"啊!"声的城市。

　　然而还有一种是具体的城市:它们是一地鸡毛般的存在,一言难尽,没法修图,即使无所不能的ChatGPT暂时也不能改变。即使我们不嫌弃,万千的马赛克般的斑驳的物质,并不都是美好的、均匀的,而是满大街沾着我们不能摆脱的污渍,引发种种生理上的不适。然而,它们和上面所说的城市其实是一回事,仅仅是观察角度或者表现工具的不同,比如说苏州(它也是苏童的老家,这位作家因此得名),也叫平江府,一直都有两种意义上的"基础设施"：如果你乘船，街道坊市与之并存，"人家尽枕河"，是一道独特的风景，可是其他什么也会倒在河里，水城的水，浓绿、深碧，就像那黏稠的生活不见底。

大多数城市的两面性不太为人所知。于是有一天，《北京折叠》这样的小说震惊了我，小说的大意是有两种不同的城市，各自生活在各自的现实中，除非出了意外，或者你自愿在两者之间穿梭，你不大理会另一面。其实大大小小的"双城记"在现实中普遍存在——就算生活了好多年，你也不曾走进你的办公室背街或者小区后门的那些地方，从来不关心城市火车站的货场，从未去过垃圾掩埋处或是伤残人福利院；几乎所有的建筑形式，不管是普利兹克建筑奖得主的，还是标榜"零碳"的，"高技的"，"园林式的"，本身也存在这种双重特征。它们是同一座城市。

在两个世界之间送快递的小哥是种传说。你走进胡同，有一些门和窗对外兜售，有一些却只把后背朝着你。其实公共空间也不好说就一定多么开放，大院比胡同更为隐秘保守。城市人总体上是铁石心肠的，友爱互助也只是一种传说。《伊索寓言》和老普林尼都曾经提到过的都市老鼠、乡村老鼠，在互相嗤笑中获得了各自的满足感。"闻道长安似弈棋"，城市确实是块令人眼花缭乱的棋盘，不存在谁胜谁负，城市的竞赛大多数时候是平局，在高强度的竞争中有了芒福德（Lewis Mumford）心目中文明的渊薮，也可以是惨败，是科斯托夫（Spiro Kostof）口中的"人的动物园"。

城市是这样的整体，总有黑棋和白棋，红方和蓝方。城市存活于相对性之中。

以上说的是同一个空间，但是还有一种更诡谲的差异，更本质的相对性，是关于时间的。城市的最初，它云雾缭绕的发心，和它的结局，它无边无际的存在，和夏日震耳欲聋的蝉声里某个具体的角落，感觉完全不同。

其实很难比较一个城市的起点、现实和想象的差异。就拿我最熟悉的北京而言，要从刘秉忠的"八臂哪吒城"开始算起，甚至更早；即使重起炉灶，它多少还保存着一些地面上的"古迹"，一切并没有烧成平地。在周边，人们也可以看得见环绕着城市的，据说孕育了它的沼泽、河流。城市的起源是种神话——人们普遍不喜欢现实，因为现实不仅不完

美,而且还行将就木;但是人们也不习惯畅想未来,
和深不可测的苏州水面下的历史相比,大多数科幻
文学在想象中抵达未来城市,仿佛脚不点地的都幼
稚可笑。人们恐慌失去现在,所以一谈到城市的时
候往往埋头在神话里,但是盛满神话的博物馆并不
随时随地开门营业,仅仅在夜晚,图像陷入沉睡的
时刻,你会拥有一定想象的自由。

　　从飞机上,我总会看见一个完全不同的北京,
这个看似当然的总体的角度,使得人们忘却了观察
中细微的历时性的差异:当然,你可以选择下去,坠
落坠落坠落……降落到某个微观的现实里,但是这
个过程本身已经历了可观的时间。不一定是回到
刘秉忠创生大都城时那般久远,但是至少得有你一
生那般漫长。

　　所有空间都关于时间。不需要人为的隐匿,时
间已经折叠了空间,仅仅有些极为特殊的空间会目
击时间清晰地展开,人们在文字中遥望这些城市的
成、住、坏、空,就像在一幅想象的画面中凝视着猎
户座星云,仿佛近在咫尺,实际上却又那么遥远。

　　不存在一个什么"城市的展馆",只存在它的舞
台,有上场和下场。

　　大多数情形下，城市只是在此刻的。你要么保持沉默，要么开口言说。

2024 年初秋

于清华园